"十三五"职业教育国家规划教材

Windows 7

中文版应用基础

（第2版）

魏茂林　主　编

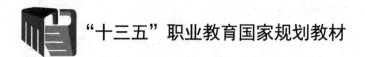

Publishing House of Electronics Industry

北京·BEIJING

内 容 简 介

本书是全国中等职业学校计算机应用专业教材，全书根据学生的认知规律及 Windows 7 系统的特点，循序渐进地介绍 Windows 7 基本操作与使用方法。全书共分 8 章，主要内容包括认识 Windows 7 系统、工作环境设置、文件资源管理、中文输入法、Internet 应用、Windows 7 工具软件的使用、Windows 7 软硬件管理、计算机系统管理与维护。本书每章都给出了"相关知识"和"思考与练习"，以帮助学生加深对所学内容与相关知识的结合理解，掌握基本操作要领，提高应用技术能力。

本书不仅可以作为全国中等职业学校计算机应用专业教材，还可以作为对口升学考试辅导用书和计算机专业读者自学用书。

未经许可，不得以任何方式复制或抄袭本书之部分或全部内容。

版权所有，侵权必究。

图书在版编目（CIP）数据

Windows 7 中文版应用基础 / 魏茂林主编. —2 版. —北京：电子工业出版社，2019.6
中等职业学校教学用书

ISBN 978-7-121-36184-5

Ⅰ. ①W… Ⅱ. ①魏… Ⅲ. ①Windows 操作系统—中等专业学校—教材 Ⅳ. ①TP316.7

中国版本图书馆 CIP 数据核字（2019）第 054627 号

策划编辑：关雅莉
责任编辑：张　慧
印　　刷：三河市良远印务有限公司
装　　订：三河市良远印务有限公司
出版发行：电子工业出版社
　　　　　北京市海淀区万寿路 173 信箱　邮编　100036
开　　本：787×1 092　1/16　印张：14.5　字数：371.2 千字
版　　次：2014 年 2 月第 1 版
　　　　　2019 年 6 月第 2 版
印　　次：2024 年 2 月第 10 次印刷
定　　价：32.00 元

凡所购买电子工业出版社图书有缺损问题，请向购买书店调换。若书店售缺，请与本社发行部联系，联系及邮购电话：（010）88254888，88258888。

质量投诉请发邮件至 zlts@phei.com.cn，盗版侵权举报请发邮件至 dbqq@phei.com.cn。

本书咨询联系方式：（010）88254617，luomn@phei.com.cn。

前　言

　　本书根据全国中等职业学校计算机应用专业的教学要求编写，是《Windows 7 中文版应用基础》的第 2 版。"Windows 7 应用基础"课程既是计算机操作的入门课程，也是计算机类专业的基础课程。通过学习本课程，学生能够全面了解 Windows 7 系统的特点，充分发挥 Windows 7 操作系统的功能，更高效合理地使用计算机，满足其工作、学习和生活中的需要。本书围绕这一指导思想进行了修订。

　　全书主要内容包括认识 Windows 7 系统、工作环境设置、文件资源管理、中文输入法、Internet 应用、Windows 7 工具软件的使用、Windows 7 软硬件管理、计算机系统管理与维护等。每个章节都给出了大量的思考与练习题，以帮助学生加深对所学知识的理解，促进其对基本操作要领的掌握，从而提高应用能力。本书主要特点如下。

　　（1）以任务式教学为引领，各章给出教学要求。每章开头都给出该章具体的学习任务，使学生在学习该章之前能够了解要掌握的知识和技能。

　　（2）以思考式问题为起点，激发学生探究问题的兴趣。每个章节开头都给出"问题与思考"，以 2～3 个问题为思考点，启发学生的问题意识，培养学生由疑而思、由思而做、由做而知、由知而会的能力。

　　（3）以任务为导向，以解决问题为核心。每个章节都给出了具体明确的例题，以帮助学生进一步应用 Windows 7 系统来解决实际问题。

　　（4）构建学生自主学习的教学模式。每个章节后都给出了"试一试"，以调动学生自主学习的积极性。

　　（5）适时更新部分内容。由于信息技术发展快速、应用广泛，所以本书在修订时更新了第 1 版中过时的内容，力求使学生尽快学习到最新的知识。

　　（6）构建知识之间的联系，举一反三，拓展应用。本书给出了大量的相关知识，如计算机病毒及其防治、WinRAR 压缩软件、搜狗拼音输入法属性设置、ACDSee、制作 U 盘系统启动盘、360 安全卫士等。

　　（7）为了使学生更好地巩固所学的知识，本书在修订时加大了习题量，以满足不同层次学生的学习需求。

本书不仅可以作为全国中等职业学校计算机应用专业教材，还可以作为对口升学考试辅导用书和计算机专业读者自学用书。

本书由魏茂林任主编，编写第 3～8 章；青岛电子学校韩健任副主编，编写第 1、2 章；魏茂林对全书进行了统稿。本书在编写过程中还得到了顾巍、高亮等同行的大力支持，在此一并表示感谢。

由于作者水平有限，经验不足，书中难免存在不当之处，由衷地希望读者提出宝贵意见。

编　者

目　　录

第1章 认识 Windows 7 系统

学习任务

➢ 了解 Windows 7 操作系统
➢ 能够正确启动和退出 Windows 7 系统
➢ 能够认识 Windows 7 桌面图标
➢ 了解"开始"菜单的组成
➢ 能够对 Windows 7 窗口进行操作
➢ 能够区分 Windows 7 窗口和对话框
➢ 了解 Windows 7 菜单的构成
➢ 能够使用 Windows 7 桌面小工具

1.1 认识 Windows 7 操作系统

问题与思考

☑ 常用的 Windows 7 系统版本有哪些?
☑ 如何正确启动和关闭计算机?

Windows 7 中文版操作系统是由微软公司开发，具有革命性变化的操作系统。该操作系统旨在使人们的日常计算机操作更加简单和快捷，并为人们提供高效易行的工作环境。Windows 7 继承了包括 Aero 风格在内的多项功能，并且在此基础上增添了许多其他功能。

1.1.1 了解 Windows 7 操作系统

Windows 7 操作系统可供家庭及商业工作环境、笔记本电脑、平板电脑、多媒体中心等使用。2009 年 10 月 22 日，微软公司在美国正式发布 Windows 7，10 月 23 日，微软公司在中国正式发布 Windows 7。Windows 7 操作系统主要围绕笔记本电脑的特性、基于应用的服务、用户个性化、视听娱乐优化、新引擎的用户易用性这五个方面进行了设计。

Windows 7 操作系统的主要版本包括 Windows 7 家庭普通版（Home Basic）、Windows 7

家庭高级版（Home Premium）、Windows 7专业版（Professional）、Windows 7企业版（Enterprise）及 Windows 7 旗舰版（Ultimate）。

1.1.2 启动 Windows 7 操作系统

启动计算机之前，首先要确保连接计算机的电源和数据线已经连通，且要启动的计算机已经安装了 Windows 7 操作系统。打开计算机的显示器的电源开关，显示器的电源指示灯变亮后，再打开计算机的主机箱电源开关后就开始启动计算机了。

（1）在 Windows 7 操作系统启动过程中，系统会进行自检，包括对内存、显卡等的检测，并初始化硬件设备。如果仅安装了 Windows 7 操作系统，则计算机直接启动 Windows 7 操作系统；如果安装了多个操作系统，则出现一个操作系统选择菜单，可通过选择启动 Windows 7 操作系统。

（2）如果计算机中已设置多个用户账户，则会出现用户账户选择界面。此时，选择自己的账户并输入密码后进入 Windows 7 操作系统桌面，如图 1-1 所示。

图 1-1　Windows 7 操作系统桌面

 想一想

（1）除 Windows 7 操作系统外，你还见到过或使用过哪几种计算机操作系统？

（2）如何查看你的计算机使用的是多少位的 Windows 7 操作系统？

（3）你能说出 32 位和 64 位 Windows 7 操作系统的主要区别吗？

相 关 知 识

常见的操作系统

1. Windows 10 系统

Windows 10 是由微软公司开发的应用于笔记本电脑和平板电脑及智能设备的操作系统。该操作系统在易用性和安全性方面有了极大的提升，除了针对云服务、智能移动设备、自然人机交互等新技术进行融合外，还对固态硬盘、生物识别、高分辨率屏幕等硬件进行了优化完善与支持。Windows 10 可以运行各种应用，包括游戏、企业应用程序、实用程序、混合现实体验和文字处理器。Windows 10 较之前版本的系统，增加或改进了以下功能：

- 生物识别技术：Windows 10 新增功能除了常见的指纹扫描之外，系统还能通过面部或虹膜扫描来让用户进行登入。
- Cortana：（简称为小娜）是微软发布的第一款个人智能助理。它能够了解用户的喜好和习惯，帮助用户进行日程安排、问题回答等。Cortana 可以说是微软在机器学习和人工智能领域方面的尝试。
- 任务切换器：使用 Alt+Tab 组合键不仅可以显示应用图标，而且可以通过大尺寸缩略图的方式进行内容预览。
- 任务栏：在 Windows 10 的任务栏中会看到新增的 Cortana 和任务视图按钮，与此同时，系统托盘内的标准工具也匹配上了 Windows 10 的设计风格。
- 命令提示符窗口：升级 Windows 的命令提示符窗口（CMD），不仅可以对 CMD 窗口的大小进行调整，还能使用粘贴等熟悉的组合键。
- Edge 浏览器：全新的 Edge 浏览器，与 Cortana 进行了整合并且内置了阅读器、笔记和分享功能。
- 跨平台应用：Windows 10 中引入了全新的 Universal App 概念，它让许多应用可以在 PC、手机、Xbox One 甚至是 HoloLens 上运行，而界面则会根据设备类型的不同进行自动匹配。
- 硬件性能要求低：虽然 Windows 10 性能改进很多，但与之前的系统相比，对硬件性能的要求并没有提升。能够运行 Windows 7 系统的计算机，运行 Windows 10 也没有问题。

另外，Windows 10 还改进了其他功能，请感兴趣的同学自行探索。

2. 银河麒麟桌面操作系统

近年来，国产操作系统不断崛起，以银河麒麟为代表的操作系统尤为突出，它以安全可信操作系统技术为核心，致力于打造中国操作系统的核心力量，现已形成服务器操作系统、桌面操作系统、嵌入式操作系统、麒麟云等产品，广泛应用于政府、财税、审计、能源、金融、交通、教育、医疗等领域。其中最新版本的银河麒麟桌面操作系统 V10 是一款简单易用、稳定高效、安全创新的新一代图形化桌面操作系统，在产品界面、功能、生态、系统安全和服务等方面都进行了全面升级。现已适配国产主流软/硬件产品，同源支持飞腾、鲲鹏、海思麒麟、龙芯、申威、海光、兆芯等国产 CPU 和 Intel、AMD 平台，通过功耗管理、内核锁及页拷贝、网络、VFS、NVME 等针对性的深入优化，大幅提升系统的稳定性和性能。

1.2　认识 Windows 7 桌面

问题与思考

☑ 你熟悉 Windows 7 系统桌面图标吗？
☑ 你会添加常用的桌面图标吗？
☑ 常用的桌面图标有哪些功能？

启动 Windows 7 操作系统（以下简称 Windows 7）后，用户看到的计算机屏幕显示称为桌面，如图 1-1 所示。桌面是用户进行计算机操作的窗口，用户的所有操作几乎都是根据桌面的显示完成的。桌面主要由桌面图标、桌面背景和任务栏等组成。

1. 桌面图标

桌面图标是用于打开程序或文件对象的快捷方式。第一次登录 Windows 7 后，桌面仅显示一个回收站图标，用户可以根据需要自定义其他图标。

例如，在安装 Windows 7 后，初次操作计算机时，桌面上通常只有一个"回收站"图标，如果要显示"计算机""网络"等桌面图标，则用户可以在"个性化"窗口中进行设置。

（1）在桌面空白处右击鼠标，在弹出的快捷菜单中选择"个性化"命令，弹出"所有控制面板项"中的"个性化"窗口，如图 1-2 所示。

（2）单击左侧窗格中的"更改桌面图标"文字链接，弹出"桌面图标设置"对话框，如图 1-3 所示。

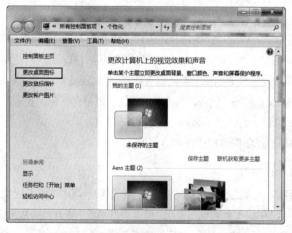

图 1-2　"个性化"窗口　　　　　　　图 1-3　"桌面图标设置"对话框

（3）单击要添加的桌面图标选项前的复选框，如选择"计算机""回收站""用户的文件"或"网络"选项，单击"确定"按钮，则在 Windows 7 桌面上就添加了上述勾选的选项图标，如图 1-4 所示。

图 1-4　添加图标的桌面

2．桌面背景

桌面背景主要用于美化屏幕。用户可以将自己喜爱的图片设置为屏幕背景，也称"壁纸"。

3．任务栏

任务栏位于桌面底部，由多个区域组成，主要有"开始"按钮、快速启动工具栏、当前打开的程序按钮、通知区域等。

提示

在 Windows 7 桌面空白处右击，在弹出的快捷菜单中没有"个性化"选项，如果需要设置桌面图标，则可以通过单击"开始"按钮，在"搜索程序和文件"处输入"ico"，单击列表中的"显示或隐藏桌面上的通用图标"选项，则可在弹出的如图 1-3 所示的"桌面图标设置"对话框中添加桌面图标。

相 关 知 识

常见的 Windows 7 桌面图标及其含义

表 1-1 列出了常见的 Windows 7 桌面图标及其含义。

表 1-1　常见的 Windows 7 桌面图标及其含义

桌 面 图 标	含 义
文件夹	文件夹是用来协助用户管理计算机文件的，每个文件夹对应一块磁盘空间，并提供了指向对应空间的地址。文件夹有多种类型，如文档、图片、相册、音乐、音乐集等。系统中用户的文件夹由多个文件夹组成，包括"我的文档""我的音乐""我的图片"等系统设置的文件夹。用户可以将同类文件放置在相应的文件夹中，以方便管理

续表

桌面图标	含　义
 计算机	主要用于管理计算机的硬件设备（如磁盘驱动器、DVD驱动器等），以便用户对计算机系统中的资源进行访问和设置
网络	主要用于查看和管理网络设置及共享等，使用户能够访问网络上的计算机和设备
回收站	用来暂时保存硬盘上被删除的文件或文件夹。回收站主要有还原和清空两种操作。还原操作是将回收站中被删除的项目恢复到原位置；清空操作是将被删除的文件从磁盘上永久删除，且不能恢复。从硬盘删除项目时，系统将该项目放在回收站中，且回收站的图标从"空"更改为"满"。系统为每个分区或硬盘分配一个回收站。如果硬盘已经分区，或者计算机中有多个硬盘，则可以为每个回收站指定大小不同的空间
控制面板	主要用于更改用户的计算机设置并自定义其功能，包括系统和安全、网络和Internet、硬件和声音、用户账户和家庭安全、外观、程序、语言、时钟和区域等

 试一试

在桌面空白处右击鼠标，在打开的快捷菜单中选择"个性化"命令，弹出"所有控制面板项"中的"个性化"窗口，更改桌面图标，如添加"计算机""网络"图标。

1.3　认识"开始"菜单

问题与思考

☑ Windows 7桌面的"开始"菜单具有哪些功能？
☑ 常用的桌面图标有哪些功能？
☑ 计算机睡眠和休眠有区别吗？

　　Windows 7桌面的"开始"按钮在任务栏的最左边，单击该按钮就可以打开"开始"菜单。该菜单列出了计算机中常用的程序、文件夹和选项设置等内容，如图1-5所示，它集中了用户可能用到的各种操作。"开始"菜单包括固定程序列表、常用程序列表、"所有程序"列表、搜索框、用户标识、常用文件夹和常用系统命令，以及"关机"按钮等。

1. 固定程序列表

　　固定程序列表位于"开始"菜单左侧的上方，与常用程序列表之间用虚线分隔，如图1-5中的左侧前两行程序列表，单击其中的选项可以快速启动对应的程序。用户也可以自己根据需要添加列表项。

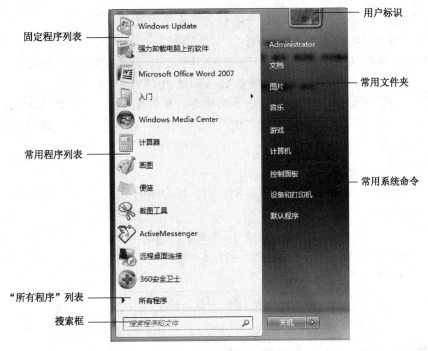

图 1-5 "开始"菜单

2．常用程序列表

常用程序列表位于"开始"菜单的左侧，列出了最近常用的应用程序，包括附加的程序和最近打开的文档，如"计算器""微信"等。随着用户对某些应用程序的频繁使用，该列表的排序会因为应用程序的使用频率而发生变化。

3．"所有程序"列表

"所有程序"列表中包含 Windows 7 中安装的所有程序。单击"所有程序"，左侧窗格会按字母顺序显示程序的列表，程序列表后跟文件夹列表。单击其中某个程序或文件夹图标即可启动对应的程序或打开对应文件夹。例如，单击"附件"就会显示存储在该文件夹中的程序列表，再单击其中的一个程序就可将其打开。若要返回新打开"开始"菜单时看到的程序，则可单击菜单底部的"返回"按钮。

4．搜索框

搜索框是在计算机上查找项目的便捷工具之一。搜索框将遍历所有程序及个人文件夹（包括"文档""图片""音乐""桌面"及其他常见位置）中的所有文件夹，因此，是否提供项目的确切位置并不重要。利用搜索框还可以搜索用户的电子邮件、已保存的即时消息、联系人等。例如，在搜索框中输入"off"，搜索结果将显示在"开始"菜单左侧窗格中的搜索框上方，如图 1-6 所示。直接单击搜索结果就能打开相应的程序。

图 1-6 搜索结果

对于以下情况，程序、文件和文件夹将作为搜索结果显示。

➤ 标题中的任何文字与搜索项匹配，或者以搜索项开头。

➤ 该文件实际内容中的任何文本（如文字处理文档中的文本）与搜索项匹配，或者以搜索项开头。

➤ 文件属性中的任何文字（如作者）与搜索项匹配，或者以搜索项开头。

除可以搜索程序、文件和文件夹及通信信息外，利用搜索框还可搜索 Internet 收藏夹和用户访问网站的历史记录。如果这些网页中的任何一个项包含搜索项，则该网页会出现在名为"文件"的标题下。

5. 常用文件夹和系统命令

常用文件夹和系统命令在"开始"菜单的右侧窗格中，包含用户经常使用的部分 Windows 链接。部分选项含义如下。

➤ **个人文件夹**：打开"个人文件夹"（它是根据当前登录到系统的用户命名的），如图 1-7 所示。例如，如果当前用户是 Administrator，则该文件夹的名称为 Administrator。该文件夹还包含特定用户的文件，如"我的文档""我的音乐""我的图片""我的视频"等文件夹。

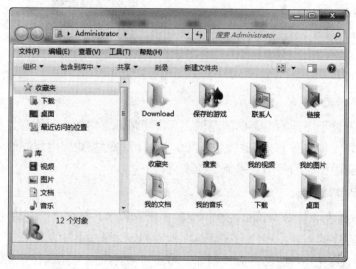

图 1-7　个人文件夹

➤ **文档**：打开"文档"库，可以访问和打开文本文件、电子表格、演示文稿及其他类型的文档。

➤ **图片**：打开"图片"库，可以访问和查看数字图片及图形文件。

➤ **音乐**：打开"音乐"库，可以访问和播放音乐及其他音频文件。

➤ **游戏**：打开"游戏"文件夹，可以访问计算机上的所有游戏。

➤ **计算机**：打开"计算机"窗口，可以访问磁盘驱动器、照相机、打印机、扫描仪及其他连接到计算机的硬件。

➤ **控制面板**：打开"控制面板"窗口，可以自定义计算机的外观和功能、安装或卸载程序、设置网络连接和管理用户账户。

➤ **设备和打印机**：打开"设备和打印机"窗口，可以查看有关打印机、鼠标和计算机上安装的其他设备的信息。

➤ **默认程序**：打开"默认程序"窗口，可以选择要使系统运行用于诸如 Web 浏览活动的程序。

➢ **帮助和支持**：打开系统的"帮助和支持"窗口，可以浏览和搜索有关使用系统和计算机的帮助信息。

6．"关机"按钮

"关机"按钮在"开始"菜单右侧窗格的底部，单击该按钮可关闭计算机。单击"关机"按钮旁边的箭头可显示一个带有其他选项的菜单，可用来进行切换用户、注销、重新启动或关闭计算机等操作，如图 1-8 所示。

➢ **切换用户**：当在计算机用户账户中同时存在两个及以上的用户时，通过切换用户，可以保留原用户的操作，或者选择其他用户登录，关闭当前登录用户。

➢ **注销**：系统释放当前用户所使用的所有资源，使用其中某个用户身份重新登录系统。注销不可以替代重新启动。注销仅清空当前用户的缓存空间和注册表信息。

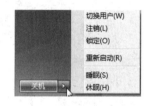

➢ **锁定**：锁定可以帮助保护用户的计算机，防止其他人在用户离开时查看并使用该计算机。锁定计算机后，只有用户或管理员才可以登录。当解除锁定并登录计算机后，锁定前打开的文件和正在运行的程序可以立即使用。

图 1-8　"关机"按钮

➢ **休眠**：将打开的文档和程序保存到硬盘中，显示器和硬盘关闭，然后关闭计算机。当重新开机后，从硬盘里读出应用环境状态并还原到离开时的状态。在计算机系统使用的所有节能状态中，休眠使用的电量最少。

➢ **睡眠**：计算机进入睡眠状态后，系统会将内存中的数据全部转存到硬盘上，然后关闭除内存外的所有设备的供电，仅提供维持内存数据不丢失所需要的供电。当重新开机后，利用内存中的数据恢复机器中各设备的状态，计算机能够非常快地进入睡眠前的工作状态。

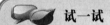 **试一试**

（1）打开"开始"菜单，分别打开其中的常用程序（如 Word）、控制面板、计算机，观察操作结果。

（2）在"关机"按钮菜单中分别单击"注销"和"锁定"，观察二者有什么不同。

1.4　Windows 7 窗口和对话框操作

 问题与思考

☑ 对计算机的操作通常是在窗口和对话框中进行的，你知道窗口和对话框常见的对象元素有哪些吗？

☑ 在 Windows 7 操作过程中，通常需将多个窗口在同一屏幕下进行操作，这时需要排列屏幕上的窗口，请思考如何排列多个窗口。

☑ Windows 中窗口与对话框有什么区别？

1.4.1 认识 Windows 7 窗口

Windows 以窗口的形式管理各类项目，一个窗口代表着正在执行的一种操作。Windows 中虽然每个窗口的内容各不相同，但所有窗口都有一些共同点。一方面，窗口始终显示在桌面（屏幕的主要工作区域）上；另一方面，大多数窗口都具有相同的基本部分。一个典型的 Windows 7 窗口示例如图 1-9 所示，由地址栏、菜单栏、工具栏、导航窗格等组成。

图 1-9 Windows 7 窗口示例

另外，窗口还包含最小化按钮（▬）、最大化（还原）按钮（▢）、关闭按钮（✕）及滚动条等。

表 1-2 列出了常见的 Windows 7 窗口各部分对象及其含义。

表 1-2 常见的 Windows 7 窗口各部分对象及其含义

对象名称	含义
地址栏	当前操作对象所在的地址，包含"前进"按钮和"返回"按钮
标题栏	显示当前窗口所打开的应用程序名、文件夹名及其他对象名称等
菜单栏	由多个下拉菜单组成，每个下拉菜单中又包含了若干个命令或子菜单选项
工具栏	用户常用的命令按钮，每个命令按钮可以完成一个特定的操作
主窗口	系统与用户交互的界面，多用于显示操作对象和操作结果
搜索栏	可在搜索框中输入关键字进行搜索，搜索结果与关键字相匹配的部分以黄色高亮显示
导航窗格	使用导航窗格（左侧窗格）来查找文件和文件夹，包括"收藏夹""库""家庭组""计算机"及"网络"选项，还可以在导航窗格中将项目直接移动或复制到目标位置
预览窗格	Windows 7 新增的功能，通过预览窗格可以方便用户预览视频、图片等，包括 DOC、XLS、TXT、PDF、JPG、BMP 等格式
细节窗格	位于窗口的下方，显示选中对象的详细信息
最小化按钮	单击该按钮，窗口将被最小化为任务栏中的一个图标
最大化（还原）按钮	单击该按钮，窗口将以全屏的方式显示。窗口被最大化后，单击还原按钮，可以将窗口恢复到原来大小
关闭按钮	单击该按钮关闭窗口

续表

对 象 名 称	含 义
滚动条	窗口的底部、状态栏上可能有一个水平滚动条，在工作区的右侧有一个垂直滚动条。滚动条是由系统窗口的大小决定的，当窗口的大小不能容纳全部的内容时，窗口中会出现滚动条。通过滚动条，可以浏览窗口中的所有内容

1.4.2 Windows 7 窗口操作

在计算机操作过程中，有时需要进行调整窗口大小、重新排列窗口、切换窗口等操作。

1. 调整窗口大小

（1）将鼠标指针指向窗口的边框，根据指向位置的不同，鼠标指针会变为不同形状。调整窗口大小时鼠标指针形状及其功能如表 1-3 所示。

表 1-3　调整窗口大小时鼠标指针形状及其功能

指针在窗口的位置	指 针 形 状	功　　能
上、下边框	↕	沿垂直方向调整窗口
左、右边框	↔	沿水平方向调整窗口
四个对角	↖ ↗	沿对角线方向调整窗口

（2）在窗口最上方标题栏的位置按下鼠标左键，并拖曳至适当的位置，然后放开，可移动该窗口。当将鼠标移到窗口的边角上，指针变为对角双向箭头时，可对窗口的长和宽同时进行缩放。

如果要垂直展开窗口，则可将鼠标指针指向打开窗口的上边框或下边框，直到指针变为双向箭头（↕），将窗口的边框拖曳到屏幕的顶部或底部，可使窗口扩展至整个桌面的高度，而此时窗口的宽度不变。

如果要并排显示窗口，则可以按住窗口的标题栏拖曳到屏幕的左侧或右侧，直到出现已展开窗口的轮廓，如图 1-10 所示，释放鼠标即可展开窗口，展开的窗口将是屏幕大小的一半。同样的方法再将其他窗口拖曳到屏幕的另一侧，这时，窗口将并排显示在屏幕上。

图 1-10　拖曳排列窗口

如果要将窗口最大化，则可以按住窗口的标题栏拖曳到屏幕的顶部，该窗口的边框即扩展为全屏显示。

2. 切换窗口

在 Windows 7 中，虽然可以同时打开多个窗口，但活动窗口只有一个。在任务栏中可以实现活动窗口的切换，这时，只要将鼠标指向任务栏按钮，就可以看到一个缩略图大小的窗口预览，无论该窗口的内容是文档、照片或是正在运行的视频，单击其中一个窗口按钮，则该窗口即成为活动窗口。

利用 Alt+Tab 组合键可以快速切换窗口。按下 Alt+Tab 组合键时，屏幕上会出现切换面板，该面板中会显示各窗口所对应的缩略图，如图 1-11 所示。

图 1-11　使用 Alt+Tab 组合键切换窗口

如果按住 Alt 键再重复按 Tab 键，则可以依次切换所有打开的窗口和桌面，当切换到用户需要的窗口时，释放 Alt 键就可以显示所选的窗口。

3. 使用 Flip 3D 切换窗口

Flip 3D 是 Aero 的特效之一，Aero 为四个英词单词 Authentic（真实）、Energetic（动感）、Reflective（反射）及 Open（开阔）的首字母缩略字，意为："Aero 界面是具有立体感、令人震撼、具有透视感和开阔的用户界面"。使用 Flip 3D 可以快速预览所有打开的窗口（如打开的文件、文件夹和文档）而无须单击任务栏。Flip 3D 在一个"堆栈"中显示打开的窗口，在"堆栈"顶部，将看到一个打开的窗口。若要查看其他窗口，则可以浏览"堆栈"。

（1）按住 Windows 徽标键（ ）的同时按 Tab 键，打开 Flip 3D 窗口切换，如图 1-12 所示。

图 1-12　Flip 3D 窗口切换

（2）在按住 Windows 徽标键（）的同时，重复按 Tab 键或滚动鼠标滑轮则可以依次切换打开的窗口。

（3）释放 Windows 徽标键（）可以显示"堆栈"中最前面的窗口，或者单击"堆栈"中某个窗口的任意部分来显示该窗口。

可释放 Windows 徽标键（）和 Tab 键来关闭 Flip 3D。

Flip 3D 窗口切换是 Aero 桌面体验的一部分。如果计算机不支持 Aero，则可以通过按 Alt+Tab 组合键来查看计算机上打开的程序和窗口。若要在打开的窗口间循环切换，则可按 Tab 键，再按箭头键，或者使用鼠标选择。

4．自动排列窗口

如果在桌面同时打开多个程序或文档，则桌面上会快速布满杂乱的窗口，使用户不容易找到已打开窗口。这时可以通过设置窗口的显示方式来对窗口进行排列。

在任务栏的空白处右击，在打开的快捷菜单中显示可供选择的窗口排列方式，如图 1-13 所示，可以选择层叠、堆叠或并排显示中的其中一种排列方式，显示样式如图 1-14 所示。例如，选择"并排显示窗口（I）"，则窗口显示效果如图 1-15 所示。

图 1-13　窗口排列方式

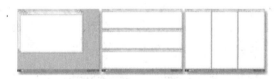

图 1-14　层叠（左）、堆叠（中）、并排（右）排列窗口示意

图 1-15　"并排显示窗口"效果

【例 1.1】在 Windows 7 的窗口中获取"硬盘"的有关帮助信息。

(1) 双击桌面上的"计算机"图标，打开"计算机"窗口，如图 1-9 所示。单击该窗口左上角的"获取帮助"按钮（ ），打开"Windows 帮助和支持"窗口，该窗口显示与文件夹相关的帮助信息，如图 1-16 所示。

(2) 在"搜索帮助"框中输入要搜索的内容，如输入"硬盘"，然后按 Enter 键，或者单击搜索框右侧的"搜索帮助"按钮（ ）开始搜索。

(3) 搜索结束后，在窗口中显示与搜索内容相关的帮助信息，如图 1-17 所示。

(4) 单击相应的索引项，即可查看相关内容。

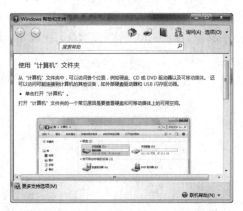

图 1-16　显示与文件夹相关的帮助信息

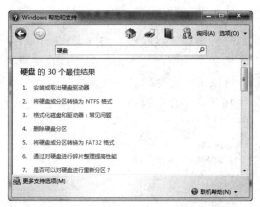

图 1-17　与搜索内容相关的帮助信息

1.4.3　Windows 7 对话框操作

对话框是一种特殊的 Windows 窗口，由标题栏和不同的元素对象组成，用户可以从对话框中获取信息。同时，系统也可以通过对话框获取用户的信息。对话框可以移动，但不能改变大小。一个典型的对话框通常由以下元素对象组成，如图 1-18 所示。

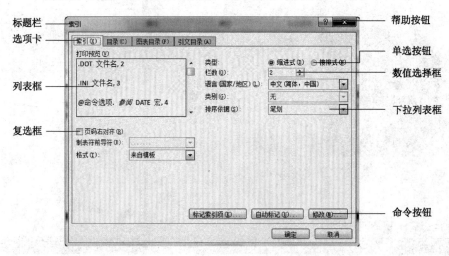

图 1-18　Windows 对话框

➢ **选项卡**：一个选项卡代表一个不同的页面。

➢ **列表框**：列表框列出所有的选项，供用户选择其中的一组。

➢ **复选框**：复选框是一个左侧带有小方框的选项按钮，用户可以勾选其中的一个或多个选项。

➢ **单选按钮**：单选按钮是一个左侧带有一个圆形的选项按钮，有两个以上的选项排列在一起，它们之间相互排斥，只能选择其中的一个。

➢ **数值选择框**：数值选择框由一个文本框和一对方向相反的箭头组成，单击向上或向下的箭头可以增加或减少文本框中的数值，也可以直接从键盘上输入数值。

➢ **下拉列表框**：下拉列表框是一个右侧带有下箭头的单行文本框。单击该下拉列表框右侧的箭头，出现一个下拉列表，用户可以从中选择一个选项。

➢ **命令按钮**：单击命令按钮能够完成该按钮上所显示的命令功能。例如，"修改""确定""取消"命令按钮等。

➢ **文本框**：可以直接输入数据信息。例如，输入新建文件名称等。

➢ **帮助按钮**：单击"帮助"按钮，将打开"Windows 帮助和支持"窗口，如图 1-19 所示，可以在该窗口的"搜索帮助"文本框中输入要搜索的关键字进行搜索。

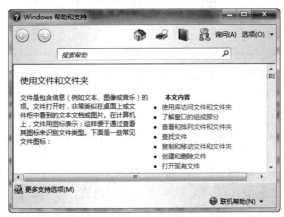

图 1-19　"Windows 帮助和支持"窗口

 **试一试**

（1）双击桌面"计算机"图标，打开"计算机"窗口，调整窗口的大小。

（2）至少打开四个窗口，如"计算机"窗口、"图片"窗口、Word 编辑窗口、一个文件夹窗口，分别进行层叠窗口、堆叠显示窗口、并排显示窗口操作，观察操作结果。

（3）打开多个窗口，使用 Flip 3D 效果进行窗口切换。

相 关 知 识

Win 键的使用

Win 键就是键盘上显示 Windows 标志（ ⊞ ）的按键，常位于 Ctrl 键与 Alt 键之间。在计算机操作过程中，Win 键可以配合其他键使用。

- ➢ Win 键：显示或隐藏"开始"菜单。
- ➢ Win+D 组合键：显示桌面，重复操作一次即可返回原来的窗口。
- ➢ Win+M 组合键：最小化所有窗口。
- ➢ Win+Shift+M 组合键：还原最小化的窗口。
- ➢ Win+E 组合键：打开计算机窗口。
- ➢ Win+F 组合键：搜索窗口。
- ➢ Ctrl+Win+F 组合键：搜索计算机。
- ➢ Win+F1 组合键：打开"Windows 帮助和支持"窗口。
- ➢ Win+R 组合键：打开"运行"对话框。
- ➢ Win+U 组合键：打开"访问中心"窗口。

1.5　认识 Windows 7 菜单

问题与思考

☑ 计算机的操作通常是通过菜单来完成的，你知道 Windows 7 菜单的种类及其菜单命令的约定吗？

☑ 快捷菜单与普通菜单有什么区别？

　　菜单是一些相关命令的集合。在 Windows 7 中，大多数的操作是通过菜单完成的。菜单中包含的命令称为菜单命令或菜单项，有些菜单项可以直接执行，还有一些菜单项后面有向右的小三角标记，表明这个菜单项包含子菜单。Windows 7 菜单主要有下拉菜单和快捷菜单两种类型。

1．下拉菜单

　　Windows 7 中的菜单一般按实现的功能进行分类或分组。每个菜单都有一个与实现功能相近的菜单名称标题，所有菜单名称的集合组成了一个菜单栏。单击菜单栏中的菜单项，会出现一个下拉菜单，如图 1-20 所示。

2．快捷菜单

　　桌面上的图标就是打开各种程序和文件的快捷方式，通过单击鼠标右键在屏幕上弹出的菜单称为快捷菜单。快捷菜单中所包含的命令与当前选择的对象有关。因此，右击不同的对象将弹出不同的快捷菜单。例如，右击"计算机"窗口中的空白区域，屏幕上会弹出一个快捷菜单，如图 1-21 所示。

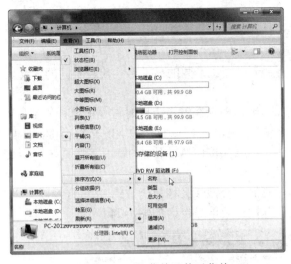

图 1-20 下拉菜单及其子菜单 　　　　　　　　图 1-21 快捷菜单

利用快捷菜单，可以迅速地选择要操作的菜单命令，提高工作效率。

【例 1.2】在桌面上创建自己经常使用的程序或文件的快捷方式，要求使用时直接在桌面上双击该图标即可快速启动该程序或文件。

（1）右击桌面上的空白处，在弹出的快捷菜单中选择〝新建〞子菜单中的〝快捷方式〞命令，如图 1-22 所示。

通过快捷菜单还可以创建各种对象，如文件夹、Word 文档、文本文档、Excel 电子表格等。

（2）选择〝快捷方式〞命令后，出现〝创建快捷方式〞对话框，如图 1-23 所示，该对话框会帮助用户创建本地或网络程序、文件、文件夹、计算机或 Internet 地址的快捷方式，既可以手动键入对象的位置，也可以单击〝浏览（R）...〞按钮，在打开的〝浏览文件或文件夹〞窗口中选择快捷方式的目标。

图 1-22 〝快捷方式〞命令 　　　　　　　图 1-23 〝创建快捷方式〞对话框

（3）单击〝下一步（N）〞按钮，确定桌面快捷方式名称后，再单击〝完成〞按钮，即

可在桌面创建相应的快捷方式图标。

3．Windows 7 中菜单命令的约定

Windows 7 菜单命令有多种不同的显示形式，不同的显示形式代表不同的含义。

（1）带有组合键的菜单命令。

菜单栏上带有下画线的字母，又称热键，表示在键盘上同时按 Alt 键和该字母键可以打开该菜单。例如，如图 1-21 所示的"查看"菜单项，可以直接按 Alt+V 组合键，打开"查看"菜单。对于其中的"排序方式"菜单项，可以在按住 Alt 不动的情况下，再按下 O 键，则可以展开所包含的菜单项。

有些菜单命令的右侧列出了与其对应的组合键（又称快捷方式），组合键以"Ctrl+字母"的形式表示，用户可以直接使用该组合键执行菜单命令，如图 1-24 所示。

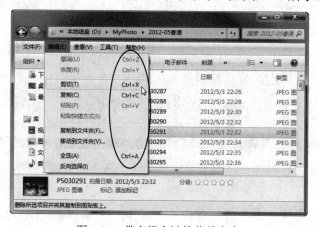

图 1-24　带有组合键的菜单命令

（2）带有右向箭头和省略号的菜单命令。

如果菜单命令的右边有一个指向右侧的三角箭头标记，则表示该菜单包含子菜单（下一级菜单），用鼠标指针指向它将显示子菜单命令。例如，在如图 1-21 所示的"查看"菜单中的"排序方式"菜单项含有下一级菜单。

有些菜单命令后带有省略号（...），单击该菜单命令，则屏幕弹出一个对话框，要求用户通过该对话框执行该菜单命令。

（3）带有选中标记的菜单命令。

在某些菜单命令的左侧带有复选标记"√"或单选标记"●"，表示该菜单当前是激活的。菜单命令中的复选标记表示用户可以同时选择多个这种形式的菜单命令，单选标记表示用户在菜单项中只能选择一个这种形式的菜单命令。

（4）带有灰色显示的菜单命令。

在 Windows 7 中，如果菜单命令的名称标题呈黑色显示，则表示用户可以执行该命令；如果菜单命令的名称标题呈灰色显示，则表示该命令在当前选项的情况下是不可用的。例如，在如图 1-24 所示的"编辑"菜单中的"撤销（U）""恢复（R）""粘贴（P）"等命令呈灰色显示，表示这些命令当前不可用。

（5）菜单命令分组。

如果在一个下拉菜单中，有些菜单命令之间被一条分隔线分开，下拉菜单被分成几个部分，则每一部分中的菜单命令表示具有相同或相近的特性。例如，在如图 1-24 所示的"编辑"下拉菜单中被分成四个不同的组成部分。

 试一试

（1）打开"计算机"窗口，分别查看"文件""编辑""查看""工具"和"帮助"菜单项的命令组成。

（2）右击桌面空白处，查看快捷菜单的组成。

扫一扫，学一学

1.6 使用 Windows 7 桌面小工具

问题与思考

☑ Windows 7 提供了哪些桌面的小工具？

☑ 如何添加 Windows 7 桌面小工具？

Windows 7 提供了一个桌面小工具集。在默认的情况下，这些工具是不打开的。用户可以随时添加桌面小工具，使桌面操作更加灵活。在 Windows 7 桌面添加小工具的方法如下。

（1）单击"开始"按钮，在弹出的菜单中依次选择"所有程序"→"桌面小工具库"选项，打开"桌面小工具"窗口，如图 1-25 所示。

（2）双击要添加的小工具图标，或者直接将选中的图标拖曳到桌面上。例如，分别将"时钟"和"日历"图标拖曳到桌面上，效果如图 1-26 所示。

图 1-25 "桌面小工具"窗口

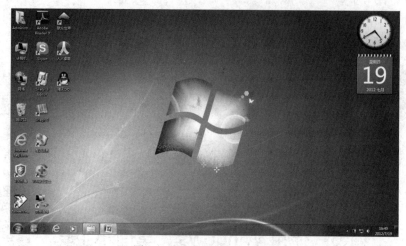

图1-26　添加的桌面小工具

 提示

利用快捷菜单也可以添加桌面小工具，方法是在桌面空白处右击，在弹出的快捷菜单中选择"小工具"命令，打开如图1-25所示的"桌面小工具"窗口，选择要添加的小工具图标即可。

如果要删除桌面小工具，如删除桌面上的"时钟"工具，则可将鼠标指针放在"时钟"图标上，当出现属性设置图标后，单击"关闭"按钮（☒）即可。

对于添加到桌面的小工具，还可以设置其相关属性。例如，设置"时钟"工具的钟表样式、时钟所代表的时区等。方法是将鼠标指针停放在"时钟"图标上，当出现属性设置图标后，单击"选项"按钮，出现"时钟"选项设置对话框，如图1-27所示，在该对话框上可以选择时钟的样式、时区等，可供选择的"时钟"样式如图1-28所示。

图1-27　"时钟"选项设置对话框

图1-28　"时钟"样式

另外，用户还可以联机获取更多的 Windows 7 桌面小工具。

 试一试

（1）分别在 Windows 7 桌面添加"天气"和"日历"小工具。

（2）打开"Windows 帮助和支持"窗口，获取一个帮助信息，在"搜索帮助"文本框中输入"窗口"，查看得到的帮助信息。

相 关 知 识

计算机病毒及其防治

计算机病毒（Computer Virus）在《中华人民共和国计算机信息系统安全保护条例》中已被明确定义，计算机病毒是指"编制或者在计算机程序中插入的破坏计算机功能或数据，影响计算机使用，并能够自我复制的一组计算机指令或者程序代码。"计算机病毒是一段特殊的计算机程序，可以在瞬间损坏系统文件，使系统陷入瘫痪，导致数据丢失。计算机病毒具有传播性、隐蔽性、感染性、潜伏性、可激发性、表现性或破坏性。

不同的计算机病毒有不同的破坏行为，计算机病毒的主要危害有：（1）激发对计算机数据信息的破坏；（2）抢占系统资源和占用磁盘空间；（3）窃取用户隐私、文件、账号等信息；（4）影响计算机运行速度；（5）狂发垃圾邮件或其他信息，造成网络堵塞或瘫痪；（6）给用户造成严重的心理压力；（7）造成不可预见的危害等。

预防计算机病毒要注意以下事项。

（1）建立良好的安全习惯。不要打开一些来历不明的邮件及附件，不要浏览一些不了解的网站，不要执行从不明网站下载的未经杀毒处理的软件。这些必要的习惯会使计算机更安全。

（2）关闭或删除系统中不需要的服务。默认情况下，许多操作系统会安装一些辅助服务，如 FTP 客户端、Telnet 和 Web 服务器。这些服务为攻击者提供了方便，而又对用户没有太大用处，如果删除它们，那么就能大大减少系统被攻击的可能性。

（3）经常升级安全补丁。据统计，有80%的网络病毒是通过系统安全漏洞进行传播的，所以应该定期到微软公司官方网站下载最新的安全补丁，以防患于未然。

（4）使用复杂的密码。有许多网络病毒就是通过猜测简单密码的方式攻击系统的。因此，使用复杂的密码，将会大大提高计算机的安全系数。

（5）迅速隔离受感染的计算机。当计算机发现病毒或异常时应立刻断网，以防止计算机受到更多的感染，并防止受感染的计算机成为传播源传染其他计算机。

（6）了解一些病毒知识。了解一些病毒知识可以及时发现新病毒并采取相应措施，在关键时刻使自己的计算机免受病毒破坏。如果能够了解一些注册表知识，就可以定期查看注册表的自启动项是否有可疑键值；如果能够了解一些内存知识，就可以经常查看内存中是否有可疑程序。

（7）安装专业的杀毒软件进行全面监控。在病毒日益增多的今天，使用杀毒软件进行防毒是越来越经济的选择。不过，用户在安装了反病毒软件之后，应该经常进行升级，经常打开一些主要监控程序（如邮件监控、内存监控等），遇到问题随时上报，这样才能真正保障计算机的安全。

（8）安装个人防火墙软件，预防黑客攻击。由于网络的快捷发展，用户计算机面临的黑客攻击问题也越来越严重，许多网络病毒都采用了黑客的方法来攻击用户计算机。因此，用户还应安装个人防火墙软件，将安全级别设为中级或高级，这样才能有效防止网络上的黑客攻击。

目前，常用的计算机防治病毒软件有360杀毒、360安全卫士、腾讯电脑管家、火绒安全软件等国产杀毒软件，以及卡巴斯基安全软件、Avast！杀毒软件、小红伞等国外杀毒软件等。每种防治病毒软件各有优缺点，同时要记住：

➢ 每种杀毒软件各有特点，没有一种杀毒软件涵盖其他杀毒软件的全部功能；

➢ 杀毒软件不可能杀掉所有病毒；

➢ 杀毒软件能够查到病毒，但不一定能够杀掉病毒；

➢ 一台计算机上每个操作系统下不能同时安装两套或两套以上的杀毒软件（除非是兼容的）。

杀毒软件是永远滞后于计算机病毒的！所以，除要及时更新、升级软件版本和定期扫描外，还要注意充实自己的计算机安全及网络安全知识，做到不随意打开陌生的文件或不安全的网页，不浏览不健康的站点，注意更新自己的隐私密码等。这样才能更好地维护自己的计算机及网络安全！

思考与练习 1

一、填空题

1．Windows 7为用户提供了_____和_____的注销用户方式。

2．第一次登录Windows 7后，桌面上仅显示一个_____图标，可以根据需要在_____窗口中设置其他图标。

3．Windows 7常见桌面图标有"计算机"、_____、_____、_____和_____等。

4．任务栏位于桌面底部，主要由_____、_____、_____和通知区域等组成。

5．Windows 7中的窗口一般由_____、_____、_____、_____和_____等组成。

6．Windows 7中多个窗口的排列方式有_____、_____、_____三种方式。

7．桌面上的图标实际上就是某个应用程序的快捷方式，如果要启动该程序，则只需_____该图标即可。

8．Windows 7中快速切换窗口的组合键是_____。

9．右键单击桌面空白处打开快捷菜单，_____菜单包含子菜单，_____菜单命令在当前情况下不可用。

10．菜单栏上带有下画线字母，又称_____，表示在键盘上同时按_____键和该字母键可以打开该菜单。

11．Windows 7中，名字前带有_____记号的菜单选项表示该项已经选用，在同组的这些选项中，只能有一个且必须有一个被选用。

12．在下拉菜单中，凡是选择了后面带有省略号（…）的命令，都会出现一个_____。

13．在桌面上创建_____，以达到快速访问某个常用项目的目的。

二、选择题

1．Windows 7的整个显示屏幕称为（　　）。

　　A．窗口　　　　　B．操作台　　　　　C．工作台　　　　　D．桌面

2．在 Windows 7 中，可以打开"开始"菜单的组合键是（　　）。

　　A．Ctrl+O　　　　　　B．Ctrl+Esc　　　　　C．Ctrl+空格键　　　　D．Ctrl+Tab

3．打开"计算机"窗口的操作方法是（　　）。

　　A．用左键单击桌面"计算机"图标　　　　B．用左键双击桌面"计算机"图标

　　C．用右键单击桌面"计算机"图标　　　　D．用右键双击桌面"计算机"图标

4．在 Windows 7 中，能够弹出对话框的操作是（　　）。

　　A．选择了带有省略号的菜单项　　　　　B．选择了带有向右三角形箭头的菜单项

　　C．选择了颜色变灰的菜单项　　　　　　D．运行与对话框对应的应用程序

5．在 Windows 7 窗口的菜单项中，有些菜单项前面有"√"表示（　　）。

　　A．如果用户选择了此命令，则会弹出下一级菜单

　　B．如果用户选择了此命令，则会弹出一个对话框

　　C．该菜单项当前正在被使用

　　D．该菜单项不能被使用

6．在 Windows 7 窗口的菜单项中，有些菜单项呈灰色显示，这表示（　　）。

　　A．该菜单项已经被使用过　　　　　　　B．该菜单项已经被删除

　　C．该菜单项正在被使用　　　　　　　　D．该菜单项当前不能被使用

7．在 Windows 7 中随时能够得到帮助信息的组合键或快捷键是（　　）。

　　A．Ctrl+F1　　　　　　B．Shift+F1　　　　　C．F3　　　　　　　　D．F1

8．若要在桌面上移动 Windows 7 窗口，则可以用鼠标指针拖曳该窗口的（　　）。

　　A．标题栏　　　　　　　B．边框　　　　　　　C．滚动条　　　　　　D．控制菜单框

9．窗口被最大化后，如果要调整窗口的大小，则正确的操作是（　　）。

　　A．用鼠标拖曳窗口的边框线

　　B．单击"向下还原"按钮，再用鼠标拖曳边框线

　　C．单击"最小化"按钮，再用鼠标拖曳边框线

　　D．用鼠标拖曳窗口的四角

10．Windows 7 窗口与对话框相比，窗口可以移动和改变大小，而对话框（　　）。

　　A．既不能移动，也不能改变大小　　　　B．仅可以移动，不能改变大小

　　C．仅可以改变大小，不能移动　　　　　D．既能改变大小，也能移动

11．在 Windows 7 中，当一个窗口已经最大化后，下列叙述中错误的是（　　）。

　　A．该窗口可以被关闭　　　　　　　　　B．该窗口可以移动

　　C．该窗口可以最小化　　　　　　　　　D．该窗口可以还原

12．下面选项中不属于 Windows 7 提供的桌面工具是（　　）。

　　A．CPU 仪表盘、日历　　　　　　　　　B．日历、幻灯片放映

　　C．天气、货币　　　　　　　　　　　　D．时钟、汉字输入法

13．下列操作中，不能搜索文件或文件夹的操作是（　　）。

　　A．用"开始"菜单中的"搜索"命令

　　B．鼠标右击"计算机"图标，在弹出的快捷菜单中选择"搜索"

　　C．鼠标右击"开始"按钮，在弹出的快捷菜单中选择"搜索"

　　D．在"资源管理器"窗口中，选择"查看"菜单

14．当一个应用程序窗口被最小化后，该应用程序将（　　　）。

    A．被终止执行　　　　　　　　　　　　　　B．继续在前台执行

    C．被暂停执行　　　　　　　　　　　　　　D．转入后台执行

15．在 Windows 7 的各个版本中，支持的功能最少的是（　　　）。

    A．家庭普通版　　　　B．家庭高级版　　　　C．专业版　　　　D．旗舰版

16．Windows 7 是一种（　　　）。

    A．数据库软件　　　　B．应用软件　　　　C．系统软件　　　　D．中文字处理软件

17．在 Windows 7 操作系统中，将打开窗口拖曳到屏幕顶端，窗口会（　　　）。

    A．关闭　　　　B．消失　　　　C．最大化　　　　D．最小化

18．在 Windows 7 操作系统中，显示 3D 桌面效果的组合键是（　　　）。

    A．Win 键+D　　　　B．Win 键+P　　　　C．Win 键+Tab　　　　D．Alt+Tab

19．在 Windows 7 中可以完成窗口切换的方法是（　　　）。

    A．Alt+Tab　　　　B．Win 键+Tab　　　　C．Win 键+P　　　　D．Win 键+D

20．在 Windows 7 的桌面上的空白处单击鼠标右键，将弹出一个（　　　）。

    A．窗口　　　　B．对话框　　　　C．快捷菜单　　　　D．工具栏

21．关闭对话框的正确方法是（　　　）。

    A．按最小化按钮　　　　B．单击鼠标右键　　　　C．单击关闭按钮　　　　D．单击鼠标左键

22．Windows 7 中的菜单有窗口菜单和（　　　）菜单两种。

    A．对话　　　　B．查询　　　　C．检查　　　　D．快捷

23．在 Windows 7 中，（　　　）桌面上的程序图标即可启动一个程序。

    A．选定　　　　B．右击　　　　C．双击　　　　D．拖曳

三、简答题

1．注销计算机用户和切换计算机用户有什么不同？

2．"开始"菜单由哪几部分组成？

3．打开"计算机"窗口，双击窗口的标题栏，窗口的大小会有什么变化？

4．简述窗口和对话框的异同。

5．在一些菜单命令中，有些命令是黑色，有些命令是暗灰色，有些命令后面还跟有字母或组合键，它们分别表示什么含义？

6．如何快速显示 Windows 7 桌面？

四、操作题

1．从"关机"菜单中分别选择"注销""睡眠"和"重新启动"，观察这三个操作结果有什么不同。

2．双击桌面上的"计算机"图标，观察打开的窗口，指出窗口的各组成部分名称，分别单击窗口右上角的 ▭ 、▢ 和 ✕ 按钮，观察窗口发生的变化。

3．打开"计算机"→"库"→"图片"窗口，并完成移动窗口、改变窗口大小、排列窗口（打开多个窗口）、最大化、最小化、关闭窗口等操作。

4．在"计算机"窗口，观察"工具栏"的组成，并分别打开"组织"和"系统属性"选项，查看两个选项有什么不同。

5．试比较任意两个窗口的内容，将这两个窗口拖曳到屏幕的相对两侧，每个窗口将重设大小以填

充屏幕的一半。

6. 打开多个窗口，使用 Aero 特效切换窗口，并分别选择不同的窗口。

7. 打开"Windows 帮助和支持"窗口，通过浏览帮助主题的方法，查看"更改计算机声音"的帮助信息，并设置文本大小为最大。

8. 请在桌面上添加"天气"小工具，并设置为当地天气。

9. 通过"Windows 帮助和支持"窗口，搜索"安装扫描仪"的帮助信息。

第2章 工作环境设置

学习任务

➤ 能够设置 Windows 7 桌面主题和背景
➤ 能够设置屏幕保护程序
➤ 能够设置屏幕外观和颜色
➤ 能够设置屏幕分辨率
➤ 能够自定义"开始"菜单
➤ 能够自定义任务栏
➤ 能够对鼠标指针形状与移动速度等进行设置

与以往的 Windows 操作系统相比，Windows 7 系统拥有华丽的主题桌面特效，其在视觉上给用户带来了完全不同的感受。用户可以根据自己的爱好对系统的外观进行个性化设置，以便在工作和学习过程中更加得心应手。

2.1 美化桌面

问题与思考

☑ 你是否想把你喜欢的图片或自己的照片设置为桌面背景？
☑ 为什么有的计算机桌面图标显示得比较大而模糊，而有的计算机桌面图标显示得比较小而清晰？

Windows 7 为用户带来了全新的体验，并提供了更加丰富的桌面背景和主题，用户可以根据自己的喜好和习惯对 Windows 7 桌面主题和背景进行设置。

在桌面的空白处右击鼠标，在快捷菜单中选择"个性化"命令，打开"个性化"窗口，如图 2-1 所示。

在"个性化"窗口中，可以对桌面主题、背景、窗口颜色及屏幕保护程序等进行设置。

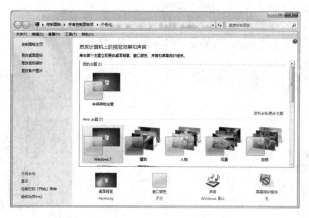

图 2-1　"个性化"窗口

2.1.1　设置桌面主题和背景

Windows 7 默认提供多个外观主题，其中包括不同颜色的窗口、多组风格背景图片等。

1. 设置桌面主题

（1）在桌面的空白处右击鼠标，在弹出的快捷菜单中选择"个性化"命令，打开如图 2-1 所示的"个性化"窗口，可以看到在"我的主题""Aero 主题""安装的主题"栏中预设的和用户下载的多个主题。

（2）单击要更换的主题，即可将当前 Windows 7 界面外观更换为所选主题。例如，选择"Aero 主题"栏中的"中国"主题，然后关闭"个性化"窗口。此时，桌面主题更改为"中国"主题，更新后的桌面主题效果如图 2-2 所示。

图 2-2　更新后的桌面主题效果

2. 设置桌面背景

如果用户不喜欢 Windows 7 默认的桌面背景，则可以将自己喜欢的图片作为桌面背景。如果用户要将桌面背景更换为自己喜欢的图片，则首先要准备好图片。图片可以从壁纸网站下载，并存放在备用文件夹中。

（1）在桌面的空白处右击鼠标，在弹出的快捷菜单中选择"个性化"命令，打开如图 2-1 所示的"个性化"窗口，单击最下方的"桌面背景"图标，即可打开"桌面背景"窗口，如图 2-3 所示。

（2）在"桌面背景"窗口中选择一种背景，如选择编号为 10 的"铅笔"，然后单击"保存修改"按钮，返回"个性化"窗口，关闭该窗口。

（3）返回桌面，更新后的桌面背景如图2-4所示。

图2-3　"桌面背景"窗口

图2-4　更新后的桌面背景

【例2.1】将个人照片设置为桌面背景。

（1）打开如图 2-3 所示的"桌面背景"窗口，单击"浏览（B）…"按钮，打开"浏览文件夹"对话框，选择要添加照片所在的文件夹，该文件夹中的照片将全部添加到当前桌面背景窗口。

（2）在"桌面背景"窗口中选择一幅自己喜欢的照片，单击"保存修改"按钮，返回"个性化"窗口，关闭该窗口。

（3）返回桌面，将个人照片设置为桌面背景，效果如图2-5所示。

图2-5　将个人照片设置为桌面背景

提示

如果需要自定义多张桌面背景，则在如图 2-3 所示的"桌面背景"窗口中，单击选中相应图片左上角的复选框，在"更改图片时间间隔"的下拉菜单中可以设置切换间隔时间，还可以设置无序播放选项。设置完成后，单击"保存修改"按钮，设置即可生效。

2.1.2　设置屏幕保护程序

如果在一段指定的时间内没有使用鼠标或键盘，则系统启动屏幕保护程序。屏幕保护程序不仅美观，而且能够有效保护计算机屏幕。Windows 7 中自带了多种屏幕保护程序，用户可以直接选择并应用。当选择不同的屏幕保护程序时，还可以对屏幕保护程序的选项进行相应设置。

（1）在桌面的空白处右击鼠标，在弹出的快捷菜单中选择"个性化"命令，打开"个性化"窗口，单击窗口底部的"屏幕保护程序"图标，弹出"屏幕保护程序设置"对话框，如图 2-6 所示。

（2）单击"屏幕保护程序（S）"选项组中的下拉列表，选择一种屏幕保护程序，如选择"彩带"；在"等待（W）"文本框中输入在键盘和鼠标无动作时等待进入屏幕保护程序的时间，如设置为 20 分钟；可选中"在恢复时显示登录屏幕（R）"复选框。

（3）设置完成后，单击"确定"按钮。

当屏幕保护程序启用后，再次登录操作系统时，将会出现用户登录界面，系统要求输入密码。输入当前用户或系统管理员的密码，恢复正常的工作窗口。这样，在暂时离开计算机时，可以防止他人使用该计算机。

图 2-6　"屏幕保护程序设置"对话框

2.1.3　设置屏幕外观和颜色

Windows 7 外观是指 Windows 7 的操作界面，包括桌面、窗口、标题按钮、图标、滚动条、消息框等使用的字体大小和颜色等。用户如果不习惯使用 Windows 7 默认的外观设置，则可以自己选择不同的样式和色彩方案。

（1）在桌面的空白处右击鼠标，在弹出的快捷菜单中选择"个性化"命令，打开"个性化"窗口，单击"窗口颜色"图标，打开"窗口颜色和外观"窗口，如图 2-7 所示。

（2）选择系统预置的一种颜色，或者单击"显示颜色混合器（X）"选项左侧的下拉按钮，通过拖曳各选项调节滑块，创建自定义颜色，如图 2-8 所示。

图 2-7　"窗口颜色和外观"窗口（1）

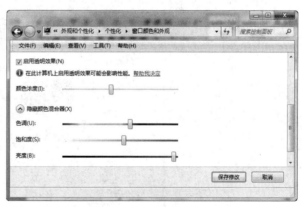

图 2-8　"窗口颜色和外观"窗口（2）

（3）设置完成后，单击"保存修改"按钮。

另外，在"窗口颜色和外观"窗口中单击左下角"高级外观设置…"链接，弹出"窗口颜色和外观"对话框，如图 2-9 所示。

单击"项目（I）"下拉列表，选择要设置的项目，如图 2-10 所示，分别对活动窗口和标题栏的大小、颜色、字体及字号大小和颜色进行设置，单击"确定"按钮。

图 2-9　"窗口颜色和外观"对话框　　　　图 2-10　"项目（I）"下拉列表

2.1.4　设置屏幕分辨率

如果发现计算机屏幕很模糊，字体不清晰，则可以得知出现这样问题的原因之一是显示器分辨率设置不合适。计算机在重新安装系统后，或者出于某种特殊的需要，通常需要重新设置计算机屏幕的分辨率。屏幕分辨率是指屏幕在水平和垂直方向最多能够显示的像素数。屏幕分辨率越高，则屏幕的像素数就越多，可以显示的内容就越多，显示的对象就越小。设置分辨率的操作方法如下。

（1）在桌面的空白处右击鼠标，在弹出的快捷菜单中选择"个性化"命令，打开"个性化"窗口，单击"显示"链接，打开"显示"窗口，在该窗口中单击"调整分辨率"链接，打开"屏幕分辨率"窗口，如图 2-11 所示。

图 2-11　"屏幕分辨率"窗口

（2）单击"分辨率（R）"右侧的下拉列表框，设置屏幕分辨率的大小。

（3）单击"确定"按钮，保存上述所做的设置。

常见的屏幕分辨率有 1024×600、1024×768、1280×1024、1440×1050、1366×768、

1680×1050、1920×1200 等。例如，分辨率 1024×600 的意思是水平方向含有像素数 1024 个，垂直方向含有像素数 600 个。

 提示

当更改屏幕分辨率后，有 15 秒的时间来确定该更改，如图 2-12 所示。单击"保留更改（K）"按钮，将所做的更改保留下来；单击"还原（R）"按钮，则不进行任何操作，即恢复到原来的设置。

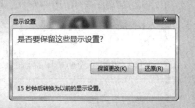

图 2-12 "显示设置"提示框

 试一试

（1）设置桌面的主题和背景。

① 在"个性化"窗口中，分别选择三个不同的 Aero 主题，观察显示效果。

② 在"桌面背景"窗口中，选择不同的桌面背景，观察预览效果。

③ 选择一张你喜欢的图片作为桌面背景。

（2）设置屏幕保护程序和外观。

① 分别设置"彩带"和"气泡"作为屏幕保护程序，等待时间为 5 分钟，并预览效果。

② 如果你的计算机已经连接 Internet，则请从网上下载一个屏保程序。

（3）调整屏幕分辨率和颜色。

分别调整屏幕分辨率和亮度，观察屏幕显示效果。

2.2 自定义"开始"菜单

问题与思考

☑ 你是否喜欢定制个性化的"开始"菜单项？
☑ 如何把常用的小程序设置在"开始"菜单的固定列表中？

本书在第 1 章中已经介绍了"开始"菜单由常用程序列表、固定程序列表、"所有程序"列表、搜索框、常用的文件夹和系统命令，以及"关闭"按钮组成。用户可以设置"开始"菜单的属性，使"开始"菜单更加个性化。

（1）右击"开始"按钮，在弹出的快捷菜单中单击"属性（R）"选项，弹出"任务栏和「开始」菜单属性"对话框，选择"「开始」菜单"选项卡，如图 2-13 所示。

（2）单击"自定义（C）..."按钮，弹出如图 2-14 所示的"自定义「开始」菜单"对话框，可以将"开始"菜单中的项目显示方式自定义为"不显示此项目""显示为菜单""显示为链接"等。

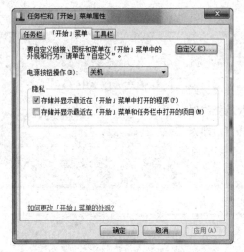

图 2-13 "「开始」菜单"选项卡

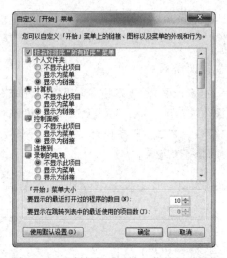

图 2-14 "自定义「开始」菜单"对话框

例如，将"计算机"项目分别设置为"显示为链接"或"显示为菜单"选项，则鼠标指向"开始"菜单中的"计算机"时，显示结果分别如图 2-15 和如图 2-16 所示。在如图 2-15 所示中，单击"计算机"将打开"计算机"窗口，而在如图 2-16 所示中，可以选择单击要打开的硬盘或设备。

图 2-15 "显示为链接"效果

图 2-16 "显示为菜单"效果

（3）在"要显示的最近打开过的程序的数目（W）"右侧数字框中，可以设置显示最近打开过的程序数目，如设置为 6。再次单击"开始"菜单，常用程序列表中的项目变为 6 个，结果如图 2-17 所示。

另外，还可以设置在跳转列表中显示最近使用的项目数，如将跳转项目数设置为 3，则当指向某个项目时，该跳转项目数为 3，如图 2-18 所示。

图 2-17 "开始"菜单

图 2-18 设置跳转项目数为 3

提示

如果要将常用程序列表中的某个项目删除，则可以在程序列表上右击该项目，在弹出的快捷菜单中选择"从列表中删除"命令，该项目就可以从列表中删除。

在"开始"菜单中，固定程序列表会固定显示，且位于常用程序列表的上方，利用固定程序列表可以快速打开常用的程序。

【例2.2】 将经常使用的"计算器"附件程序添加到固定程序列表中。

(1) 单击"开始"菜单，选择"所有程序"中的"附件"命令，然后在"计算器"程序上右击，选择快捷菜单中的"附到「开始」菜单 (U)"命令，如图 2-19 所示。

(2) 返回"开始"菜单的固定程序列表，可以发现"计算器"程序已添加到了固定程序列表中，如图 2-20 所示。

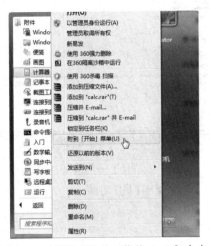

图 2-19　"附到「开始」菜单 (U)"命令

图 2-20　固定程序列表

如果要将某个程序从程序列表中删除，则可以在"开始"菜单的程序列表中，右击要删除的程序项目，从快捷菜单中选择"删除（D）"命令即可。

另外，在如图 2-13 所示的"「开始」菜单"选项卡中，可以设置"电源按钮操作（B）"选项，如图 2-21 所示。

如果将"电源按钮操作（B）"选项设置为"切换用户"，则该设置将"开始"菜单上的"关机"按钮改为"切换用户"按钮。

试一试

（1）将"管理工具"菜单项添加到"开始"菜单中。

（2）如果"开始"菜单中没有"帮助和支持"菜单项，则请添加该项目。

（3）在"开始"菜单中设置最近打开过的程序数目为 5。

图 2-21　设置"电源按钮操作（B）"选项

2.3　自定义任务栏

☑ 如何快速显示 Windows 7 桌面？

☑ 如何定制个性化任务栏程序按钮？

　　任务栏位于桌面底部的一个长条区域中，是 Windows 7 桌面的一个重要组成部分。通过任务栏，用户可以更方便地管理应用程序，使得它们之间能够自由切换。

2.3.1　任务栏的组成

　　任务栏由"开始"按钮、快速启动工具栏、打开的程序按钮及通知区域组成。

> ➤ **"开始"按钮**：单击该按钮打开"开始"菜单。

> ➤ **快速启动工具栏**：等同于快捷方式，可以在程序图标不在桌面上显示的情况下方便使用，大大提高了使用效率，通常包括媒体播放器、IE 浏览器、文件夹等程序图标。快速启动工具栏只能显示在任务栏上，节省桌面的资源。可以直接将对象拖入任务栏来添加快速启动程序。

> ➤ **打开的程序按钮**：以按钮的形式显示正在运行的程序，以便通过单击任务栏上的按钮在运行的程序之间切换。

> ➤ **通知区域**：该区域通常用来设置和显示系统时间。Windows 系统在发生某事件时显示通知图标，随后系统把该图标放入后台以简化该区域。

　　任务栏除出现在桌面底部外，还可以将其移至桌面的两侧或顶部，甚至将其隐藏，还可以调节其高度和位置。将鼠标指针移动到任务栏的边框上，按住鼠标左键上下拖曳就可以改变任务栏的高度。按住鼠标左键，还可以将任务栏拖曳到其他位置。当锁定任务栏的位置时，不能将其移至桌面上的新位置。

提示

除通过单击任务栏按钮切换应用程序外，还可以使用 Alt+Tab 组合键来快捷切换。

2.3.2 定制任务栏

用户通过任务栏的属性对话框可以自定义任务栏。操作方法是右击任务栏，单击"属性"命令，弹出"任务栏和「开始」菜单属性"对话框，选择"任务栏"选项卡，如图 2-22 所示。

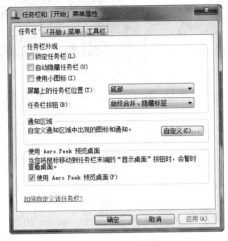

图 2-22 "任务栏"选项卡

"任务栏"选项卡中各复选框的含义如下。

➤ **锁定任务栏（L）**：锁定任务栏的位置和大小。

➤ **自动隐藏任务栏（U）**：当鼠标离开任务栏后，任务栏自动隐藏。

➤ **使用小图标（I）**：缩小任务栏上图标。

➤ **使用 Aero Peek 预览桌面（P）**：Aero Peek 是 Windows 7 中 Aero 桌面提升的部分，是 Windows 7 中的一个新功能。预览桌面位于屏幕通知区域靠近时钟的一块透明的矩形区域，当鼠标移过这块区域时，所有打开的窗口都将变得透明，只剩一个框架，如图 2-23 所示。这样一来，用户就可以轻松地看到桌面内容。单击该透明矩形块，则可以快速显示桌面。

在"任务栏"选项卡中的"任务栏按钮（B）"右侧的下拉列表框中，可以设置任务栏程序按钮的显示方式，下拉列表中有三个选项，分别是"始终合并、隐藏标签""当任务栏被占满时合并"及"从不合并"，如图 2-24 所示。

➤ **始终合并、隐藏标签**：系统默认设置，打开的程序显示为一个无标签的图标，即使在同一个程序中打开多个文件，图标的显示也是一样的。

➤ **当任务栏被占满时合并**：打开一个项目会显示一个图标。当任务栏被占满时，用同一个程序打开的多个项目就会合并到一个图标下。

➤ **从不合并**：即使任务栏被占满时，用户打开的同一个程序的多个项目也不会合并为一个图标。

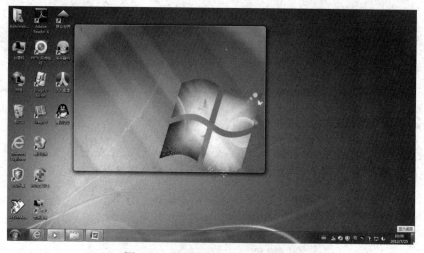

图 2-23　使用 Aero Peek 预览桌面

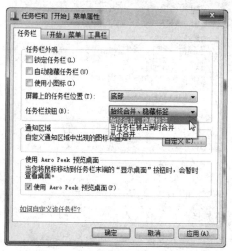

图 2-24　选择"任务栏按钮"显示方式

例如，当打开多个相同类型的文档时（如 Word 文档），要求对任务栏上相同类型的文档图标进行隐藏、按钮合并，这时可以在"任务栏按钮"下拉列表框中选择"始终合并、隐藏标签"选项，如果选择"从不合并"选项，则打开的所有文档图标都将显示在任务栏上，如图 2-25 所示。

图 2-25　"从不合并"任务栏上的图标

2.3.3　定制通知区域

通知区域位于任务栏的最右侧，包括时钟、音量、网络、电源、操作中心共五个系统图标，以及一些程序图标。当用户打开一些应用程序时，有些程序图标也会自动添加到通知区域，如 QQ、微信等。

1．自定义通知区域图标显示方式

在 Windows 7 中，用户可以自定义通知区域程序图标的显示方式。

（1）右击任务栏空白区域，选择"属性（R）"命令，打开"任务栏和「开始」菜单属性"对话框，在"任务栏"选项卡中，单击通知区域中的"自定义（C）..."按钮，打开"通知区域图标"窗口，如图 2-26 所示。

（2）分别单击程序右侧的"行为"下拉列表框，设置对应程序的显示方式，"行为"下拉列表框中包括"显示图标和通知""隐藏图标和通知"及"仅显示通知"选项，设置完成后单击"确定"按钮。

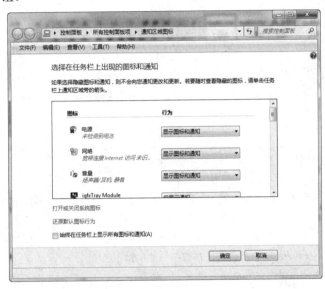

图 2-26　"通知区域图标"窗口

如果选择"始终在任务栏上显示所有图标和通知（A）"复选框，则所有图标和通知都会在任务栏上显示。如果不勾选该复选框，则在通知区域出现"显示隐藏的图标"的上三角按钮。

 提示
在任务栏右侧单击"显示隐藏的图标"的上三角按钮，在弹出的面板中单击"自定义..."链接，如图 2-27 所示，也可以打开"通知区域图标"窗口。

图 2-27　单击"自定义..."链接

2．设置系统图标显示方式

除程序图标外，通知区域还有系统图标，用户也可以自定义它的显示方式。具体操作步骤是，打开"通知区域图标"窗口，如图 2-26 所示，单击"打开或关闭系统图标"链接，打开"系统图标"窗口，如图 2-28 所示，在该窗口可以选择要打开或关闭的系统图标，设置完成后单击"确定"按钮。

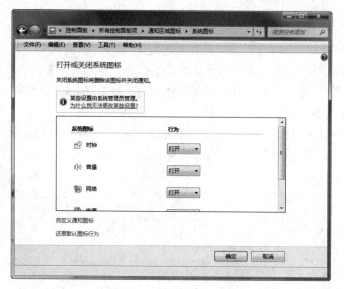

图 2-28　"系统图标"窗口

试一试

（1）分别将任务栏拖曳到桌面的左侧、右侧、顶部，然后再拖曳到桌面的底部。请问，锁定任务栏后能否拖曳？

（2）将任务栏设置为自动隐藏，并观察设置的效果。

（3）设置使用 Aero Peek 预览桌面，并观察设置的效果。

（4）自定义"通知区域图标"显示方式。

（5）双击任务栏"通知区域"的时钟，如果系统时间有误，请调整日期和时间。

（6）在任务栏上添加"计算机"工具图标，单击该图标选择不同的硬盘。

注：右击任务栏空白处，单击"工具栏（T）"菜单中的"新建工具栏（W）…"命令，选择任意一个文件夹添加到任务栏。

2.4　鼠标的设置

问题与思考

☑ 鼠标指针不同的形状所代表的含义有什么不同？

☑ 如何设置鼠标指针在不同工作状态的形状？

在使用计算机过程中，鼠标是常用的输入设备。在安装 Windows 7 系统时，系统会自动对鼠标进行设置。根据个人习惯，可以对鼠标进行合理配置，如配置左右手习惯、双击速度、单击锁定、鼠标指针形状、移动速度等，这些都可以通过鼠标属性来设置。

2.4.1　设置鼠标键

每个鼠标都有一个主要按钮和次要按钮，使用主要按钮可以选择和单击项目，以及在文档中定位光标及拖曳项目。通常，主要按钮是鼠标的左按钮，次要按钮是鼠标的右按钮。

设置鼠标属性通过"鼠标 属性"对话框来操作。选择"开始"→"控制面板"→"鼠标"命令，弹出"鼠标 属性"对话框，如图 2-29 所示。

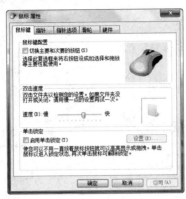

图 2-29　"鼠标 属性"对话框

在"鼠标键"选项卡中，可以设置"鼠标键配置""双击速度""单击锁定"。

➢ **鼠标键配置**：在默认的情况下，鼠标左键用于选择、拖曳，鼠标右键用于打开快捷菜单。对于习惯左手的用户来说，可以互换鼠标左右键的功能，只需选中"切换主要和次要的按钮（S）"复选框，单击"应用（A）"按钮即可。

➢ **双击速度**：双击速度是指双击时两次单击之间的时间间隔。对于一般的用户来说，双击速度可以采用系统默认的设置，对于个别的用户来说，需要进行设置。因为，如果双击时连续两次单击的速度不够快，系统会认为是进行了两次单击操作。"鼠标键"选项卡中有一个"双击速度"选项组，其中的标尺是用来调整双击速度的。对于刚接触计算机的人来说，可以将鼠标的滑块向左移动，使鼠标两次单击的时间间隔加长。在该选项组的右侧有一个测试区域，可以测试双击的速度。测试时，双击右侧的文件夹，如果双击的速度适中，该文件夹会打开，再次双击就会关闭。

➢ **单击锁定**：启用单击锁定功能后，如果要选择一个区域，则可以在区域的开始位置按住鼠标左键，经过一定的时间间隔后再放开，移动鼠标过程中会看到有些内容已被选中，在选择区域的终止处单击，两次单击则之间的内容被选中。例如，用这种方法可以选择文档的一部分，要比拖曳选择更便捷。右侧的"设置（E）…"按钮用来设置单击和放开鼠标键的锁定时间间隔。

2.4.2　设置鼠标指针形状

鼠标在不同的工作状态下有不同的形状，如在正常情况下，它的形状是一个小箭头（），运行某一程序时，它会变成圆环形状（）。Windows 7 提供了多种鼠标方案供用户选择。在如图 2-30 所示的"指针"选项卡中，可以对鼠标指针的形状进行设置。

"方案（S）"下拉列表中提供了多种方案供用户选择，如图 2-31 所示，选择其中一种方案后，在"自定义"列表框中就会出现与此方案相对应的各种鼠标指针形状。如果对所选指针方案中的某一指针外观不满意，则可以更改该指针的形状。单击"浏览（B）…"按钮，从打开的"浏览"对话框中选择一种鼠标指针形状。单击"确定"按钮，可以保存自己选择的鼠标指针形状方案。这样就自定义了一个新的鼠标指针方案。

图 2-30　"指针"选项卡

图 2-31　"方案（S）"下拉列表

2.4.3　设置鼠标指针移动速度

鼠标指针移动速度是指鼠标指针在屏幕上移动的反应速度，它将影响指针对鼠标自身移动做出响应的快慢程度。正常情况下，指针在屏幕上移动的速度与鼠标移动的幅度相适应。

打开"指针选项"选项卡，如图 2-32 所示，在"移动"选项组中，拖曳滑块可以改变指针的移动速度。选中"提高指针精确度（E）"复选框，可以提高指针在移动时的精确度。

其他选项的功能如下。

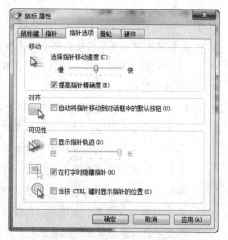

图 2-32　"指针选项"选项卡

➢ **显示指针轨迹（D）**：若选中该复选框，则指针在移动的过程中带有轨迹，拖曳标尺滑块可以调整指针轨迹的长短。

➢ **在打字时隐藏指针（H）**：若选中该复选框，则打字时指针便会自动隐藏起来。

➢ **当按 CTRL 键时显示指针的位置（S）**：若选中该复选框，则按一下 Ctrl 键，便会出现一个以鼠标指针为圆心的动画圆，这样可以迅速确定鼠标指针的当前位置。

 提示

在如图 2-32 所示中，若选中"对齐"选项组中的"自动将指针移动到对话框中的默认按钮（U）"复选框，则鼠标能够自动定位到对话框中的默认按钮，如"确定"或"应用（A）"按钮。

2.4.4　设置鼠标滑轮

用户在进行文档的编辑或浏览网页时，经常使用鼠标的滑轮来滚动屏幕，以快速查看内容。它的功能相当于窗口中的滚动条或滚动按钮。在"滑轮"选项卡中可以设置鼠标滑轮的滚动幅度，如图 2-33 所示。

在"垂直滚动"选项组中可以设置滑轮滚动一个齿格相当于滚动多少幅度。选择"一次滚动下列行数（N）"单选按钮，可以设置滑轮滚动一格对应的行数，滚动的行数在 1～100 之间。选择"一次滚动一个屏幕（O）"单选按钮，代表滑轮滚动一格，页面就翻动一页。在"水平滚动"选项组中，可以设置鼠标滚动一次时滚动的字符数。

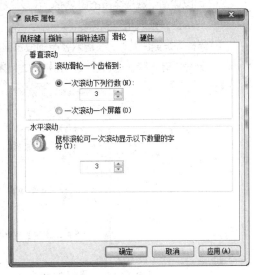

图 2-33　"滑轮"选项卡

试一试

（1）调整鼠标双击的速度，然后双击文件夹测试鼠标双击的速度。

（2）在记事本中输入一段文字，启动鼠标锁定，选中部分文字，观察鼠标锁定的效果。

（3）设置鼠标指针方案为"放大"，观察设置的效果；再设置为"Windows Aero（系统方案）"，观察设置的效果。

（4）在"指针选项"选项卡中启用"当按 CTRL 键时显示指针的位置（S）"复选框，然后观察设置的效果。

（5）分别设置鼠标滑轮的滚动幅度为一次滚动 4 行和一次滚动一个屏幕，然后打开一个含有多页的长文档，观察设置的效果。

相 关 知 识

键盘的设置

在 Windows 操作系统中，键盘也是一个重要的输入设备，如撰写文档、收发电子邮件等。了解键盘的属性及设置键盘的方法，能够提高工作效率。

在"控制面板"窗口中单击"键盘"图标，弹出"键盘 属性"对话框，如图 2-34 所示。

在"速度"选项卡中有"字符重复"和"光标闪烁速度（B）"两个选项组，各选项的含义如下。

➤ 重复延迟（D）：当按住键盘上的某个键时，系统输入第一个字符和第二个字符之间的间隔。通过调整标尺上的滑块，可以增加或减少重复延迟的时间。

➤ 重复速度（R）：当按住键盘上的某个键时，系统重复输入该字符的速度。通过调整标尺上的滑块，可以增加或减少字符的重复率。在该项标尺下面的文本框中，可以按住键盘的某个键，测试重复字符的重复延迟和重复速度。

➢ 光标闪烁速度（B）：在输入字符的位置显示光标闪烁的速度。光标闪烁太快，则容易引起视觉疲劳；光标闪烁太慢，则容易找不到光标的位置。

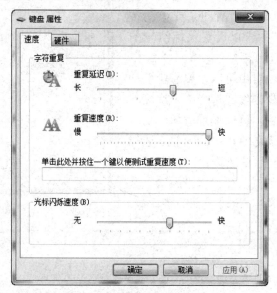

图 2-34　"键盘 属性"对话框

思考与练习 2

一、填空题

1．设置 Windows 7 桌面主题要在＿＿＿＿＿＿窗口中进行。

2．设置 Windows 7 桌面背景要在＿＿＿＿＿＿窗口中进行。

3．选择一张图片作为 Windows 7 的桌面背景，该图片在桌面的显示位置有＿＿＿＿＿、＿＿＿＿＿、＿＿＿＿＿、＿＿＿＿＿和＿＿＿＿＿五种方式。

4．Windows 7 外观主要包括桌面、窗口、标题按钮、图标、滚动条、消息框等使用的＿＿＿＿＿和＿＿＿＿＿等。

5．屏幕分辨率越高，屏幕的像素数就＿＿＿＿＿，可显示的内容就＿＿＿＿＿，显示的对象就＿＿＿＿＿。

6．任务栏主要由＿＿＿＿＿、＿＿＿＿＿、＿＿＿＿＿和＿＿＿＿＿组成。

7．通知区域位于任务栏的最右侧，包括＿＿＿＿＿、＿＿＿＿＿、＿＿＿＿＿、＿＿＿＿＿和操作中心共五个系统图标，以及一些程序图标。

8．将鼠标指针移向任务栏按钮时，会出现一个小图片，上面显示缩小版的相应窗口，当将鼠标停留在其中的一个窗口上时，则在屏幕上＿＿＿＿＿。

9. 在鼠标属性的"指针"选项卡中可知 ⟋⟍ 表示_____，◎ 表示_____。

10. 如果要设置鼠标的双击速度，则需要在鼠标的_____选项卡中进行设置。

二、选择题

1. 应用桌面的某个主题，能够更改计算机上的视觉效果，下列不能立即更改的是（　　）。

    A．桌面背景　　　　B．窗口颜色　　　　C．声音　　　　　　D．分辨率

2. 在 Windows 7 中，任务栏（　　）。

    A．只能改变位置不能改变大小　　　　B．只能改变大小不能改变位置

    C．既不能改变位置也不能改变大小　　D．既能改变位置也能改变大小

3. 在 Windows 7 中，随时能够得到帮助信息的快捷键是（　　）。

    A．Ctrl+F1　　　　B．Shift+F1　　　　C．F3　　　　　　D．F1

4. 在 Windows 7 中，通过"鼠标 属性"对话框，不能调整鼠标的（　　）。

    A．单击速度　　　　B．双击速度　　　　C．移动速度　　　　D．指针轨迹

5. 当鼠标光标变成 ⟋⟍ 形状时，通常情况是表示（　　）。

    A．正在选择　　　　B．系统忙　　　　　C．后台运行　　　　D．选定文字

6. 一次滚动鼠标滑轮一个齿的最大行数的是（　　）。

    A．20　　　　　　　B．50　　　　　　　C．100　　　　　　D．任意行

7. Windows 7 中，单击是指（　　）。

    A．快速按下并释放鼠标左键　　　　B．快速按下并释放鼠标右键

    C．快速按下并释放鼠标中间键　　　D．按住鼠标器左键并移动鼠标

8. Windows 7 中任务栏上显示（　　）。

    A．系统中保存的所有程序　　　　　B．系统正在运行的所有程序

    C．系统前台运行的程序　　　　　　D．系统后台运行的程序

9. 当屏幕的指针为沙漏加箭头时，表示 Windows 7（　　）。

    A．正在执行答应任务　　　　　　　B．正在执行一项任务，不可以执行其他任务

    C．没有执行任何任务　　　　　　　D．正在执行一项任务，但仍可以执行其他任务

10. 使用鼠标右键单击任何对象将弹出（　　），可用于该对象的常规操作。

    A．图标　　　　　　B．快捷菜单　　　　C．按钮　　　　　　D．菜单

三、简答题

1. 如何将一幅图片设置为桌面背景？

2. 为什么要设置屏幕保护程序？如何设置？

3. 如何设置屏幕分辨率？是否屏幕分辨率越高越好？

4. 设置屏幕保护程序的目的是什么？

5. 锁定任务栏的含义是什么？

6. 设置鼠标的双击速度后，如何测试鼠标的双击速度？

7. Windows 7 的主题是指什么？

四、操作题

1. 设置桌面主题，分别选择 Aero 主题、安装的主题等，观察设置的效果。

2. 设置桌面背景，选择一幅图片作为桌面背景，分别设置为填充、适应、居中、平铺和拉伸，观察设

置的效果。

3．设置屏幕保护程序，选择一个屏幕保护程序，在屏幕的预览窗口中观察其效果。

4．调整屏幕分辨率和颜色，将屏幕调整为最高的分辨率和颜色质量，观察调整后的效果。

5．打开"开始"按钮的属性，设置"电源按钮操作"为"切换用户"，并观察设置的效果。

6．自定义"开始"菜单，将"计算机"分别设置为"不显示此项""显示为菜单""显示为链接""最近使用的项目"，观察设置的效果。

7．定制任务栏，分别自定义任务栏中的"锁定任务栏""自动隐藏任务栏""使用小图标""隐藏不活动的图标"等功能，观察设置的效果。

8．分别设置鼠标的左右键、双击速度，验证设置效果。

9．设置鼠标指针形状，验证设置效果。

10．设置鼠标指针移动速度，验证设置效果。

11．将"记事本"附件程序添加到固定程序列表中。

12．将"画图"程序锁定到任务栏，并将"画图"程序添加到开始菜单的常用程序列表中。

13．将系统时间设置为"2022 年 10 月 1 日，上午 8:30:00"（任务栏中显示"上午 8:30:00"）。

14．关闭"任务栏"上的"扬声器"。

15．查看 2023 年 10 月 1 日是星期几。

第3章 文件资源管理

学习任务

➤ 熟悉常见的文件和文件夹图标含义
➤ 熟练使用资源管理器对计算机资源进行管理
➤ 能够对文件和文件夹进行创建、复制、删除等操作
➤ 能够建立文件的快捷方式
➤ 能够按名称等方式搜索文件或文件夹
➤ 能够使用 Windows 库对文件进行管理

在计算机操作过程中，文件和文件夹是用户经常使用的对象，用户通过文件来管理数据。Windows 7 系统提供了资源管理器，帮助用户能够快速方便地管理和使用文件资源。

3.1 认识文件和文件夹

问题与思考

☑ 在 Windows 7 系统中，文件和文件夹名称前的图标为什么不相同？
☑ 常见的文件和文件夹图标有哪些？分别代表什么含义？

在计算机管理系统中，用户数据和各种信息都是以文件的形式存在的。文件是具有某种相关信息的集合。文件既可以是一个应用程序（如写字板、画图程序等），也可以是用户自己编辑的文档、数据文件，还可以是一些由图形、图像处理程序建立的图形、图像文件。

3.1.1 认识文件

在 Windows 7 操作过程中，常见各种类型的文件图标及其对应的文件类型如图 3-1 所示。

在 Windows 7 中，文件可以划分为多种类型，如文本文件、程序文件、图像文件、音频文件、视频文件、数据文件等，每种文件都对应相应的图标。

图 3-1　常见文件图标及其对应的文件类型

- **文本文件**：文本文件又称 ASCII 文件，由字母和数字组成，其扩展名为.txt。可以通过记事本应用程序直接创建文本文件。
- **程序文件**：程序文件由可执行的代码组成，其扩展名一般为.com 或.exe。
- **图像文件**：图像文件格式是记录和存储影像信息的格式。对数字图像进行存储、处理、传播，必须采用一定的图像格式，也就是把图像的像素按照一定的方式进行组织和存储，把图像数据存储为文件就得到图像文件。图像文件大致上可以分为两大类：一类为位图文件；另一类为矢量文件。前者以点阵形式描述图形图像，后者是以数学方法描述的一种由几何元素组成的图形图像。位图文件在有足够的文件量的前提下，能够真实细腻地反映图片的层次、色彩，缺点是文件体积较大。一般来说，位图文件适合描述照片。矢量文件的特点是文件体积小，且任意缩放时不会改变图像质量，适合描述图形。常见的图像文件有 BMP 文件、GIF 文件、TIF（TIFF）文件、JPG/JPEG 文件、PNG文件、PSD 文件等。
- **音频文件**：音频文件是指要在计算机内播放或处理的音频格式的文件，是对声音文件进行数、模转换的过程。主要音频文件格式有 MIDI（MID）、WAVE（WAV）、MP3/MP4、VQF、AIF/AIFF、RA/RM 等。
- **视频文件**：视频文件格式可以分为适合本地播放的本地影像视频和适合在网络中播放的网络流媒体影像视频两大类。尽管后者在播放的稳定性和播放画面质量上可能没有前者优秀，但网络流媒体影像视频的广泛传播性使之正被广泛应用于视频点播、网络演示、远程教育、网络视频广告等互联网信息服务领域。主要的视频文件格式如下。

  微软视频：WMV、ASF、ASX；Real Player（RM、RMVB）；MPEG 视频（MPG、MPEG、MPE）。

  手机视频：3GP；Apple 视频（MOV）。

  其他常见视频：AVI、DAT、MKV、FLV、VOB 等。
- **数据文件**：一般是由 Windows 应用程序生成的。例如，由 Microsoft Word 创建的文档、Microsoft Office Access 创建的数据库文件（其扩展名为.mdb）等。

表 3-1 列出了 Windows 7 中常见的文件扩展名及其对应的文件类型。

表 3-1　Windows 7 中常见的文件扩展名及其对应的文件类型

文件扩展名	文件类型	文件扩展名	文件类型
docx	Word 2007 及以上版本文件	xsx	Excel 2007 及以上版本电子表格文件
pptx	PowerPoint 2007 及以上版本演示文稿	txt	文本文件
mdb	Access 数据库文件	dbf	Visual FoxPro 表文件
com	可执行的二进制代码文件	exe	可执行文件
inf	软件安装信息文件	dat	数据文件

续表

文件扩展名	文 件 类 型	文件扩展名	文 件 类 型
rar	压缩文件	jpg	图像压缩文件
html	超文本文件	wav	音频文件
bmp	位图文件	avi	视频文件

文件存储在计算机中都要有一个文件名，文件名一般由名字（前缀）和扩展名（后缀）两部分组成。名字和扩展名之间用"."分开。例如，文件名"myfile.docx"，其中"myfile"

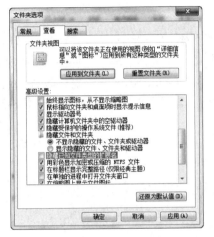

图 3-2　"文件夹选项"对话框

是文件名的前缀，"docx"是后缀，这说明它是一个 Word 2007 及以上版本的文件。Windows 7 支持长文件名，文件名允许达到 255 个字符，可以包括除指定字符（如/\<>:|*"?）外的任何字符，并能包括多个空格和多个句点（.)，最后一个句点之后的字符被看作文件的扩展名。

通常情况下，Windows 7 的默认设置隐藏了已知类型文件的扩展名。对于不同类型的文件，Windows 7 使用不同的图标加以区别。在文件夹窗口中显示的文件只包含图标和文件名（不含扩展名）。如果要显示文件的扩展名，则可单击"文件夹"窗口菜单中的"工具"→"文件夹选项"命令，弹出"文件夹选项"对话框，如图 3-2 所示，在"查看"选项卡中取消勾选"隐藏已知文件类型的扩展名"复选框。关闭"文件夹选项"对话框，在文件夹窗口中列出文件时显示图标、文件名和扩展名。该选项设置前后的效果分别如图 3-3、图 3-4 所示。

图 3-3　显示图标和文件名

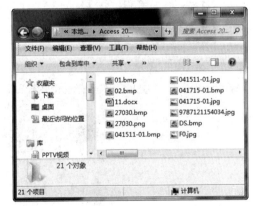

图 3-4　显示图标、文件名和扩展名

Windows 7 中的文件类型很多，不同类型的文件对应的图标也不一样，只有当系统中安装了相关软件后，文件的图标才能正确显示出来。

提示

通配符是一种特殊语句，主要有星号（*）和问号（?），用于模糊搜索文件。一个星号（*）替代零个或多个字符，一个问号（?）替代零个或一个字符。当查找文件名时，可以使用通配符来代替一个或多个真正字符。当不知道真正字符或输入不完整名字时，常常使用通配符。例如，*Not?pad 可以对应 Notpad、eNotapad、MyNotpad、Notepad 等。

3.1.2　认识文件夹

计算机中的文件成千上万，文件类型多种多样，为便于统一管理这些文件，通常对这些文件进行分类和汇总。Windows 7 中引进了文件夹的概念对文件进行管理。文件夹可以看作存储文件的容器，以图形界面（图标）的形式呈现给用户。在 Windows 7 中，默认设置了当前用户文件夹，包括 Administrator、"文档""图片""音乐""游戏"等默认文件夹，如图 3-5 所示。

单击"开始"菜单中的文件夹（如"文档"文件夹），便可打开对应的文件夹，如打开"文档"文件夹，结果如图 3-6 所示。

图 3-5　Windows 7 默认文件夹

图 3-6　"文档"文件夹

Windows 7 中常见的文件夹图标如图 3-7 所示。

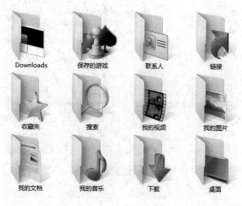

图 3-7　Windows 7 中常见的文件夹图标

用户在使用计算机时，一般要建立自己的一个或多个文件夹，分别存储不同类型的文件。例如，分别创建"MP3 歌曲""我的照片""我的资料"文件夹等。

在 Windows 7 中，文件夹具有如下一些特性。

➢ **移动性**。用户可以对文件夹进行移动、复制或删除操作。既可以将文件夹从一个磁盘（或文件夹）移动或复制到另一个磁盘（或文件夹），也可以直接删除指定的文件夹，这些操作对该文件夹中的全部内容同时有效。

➢ **嵌套性**。一个文件夹中可以包含一个或多个文件或文件夹。

➢ **空间任意性**。一个文件夹存储空间可以任意大小，但受磁盘空间的限制。

➢ **共享性**。可以将文件夹设置为共享，使网络上的其他用户都能控制和访问其中的文件和数据。对于 NTFS 格式的磁盘，可以压缩或加密其中的文件和文件夹。

【例 3.1】 在 Windows 7 中，更换"MP3 歌曲"文件夹的默认图标。

(1) 右击要更改图标的"MP3 歌曲"文件夹，选择快捷菜单中的"属性"命令。

(2) 在"MP3 歌曲 属性"对话框中选择"自定义"选项卡，如图 3-8 所示，单击"更改图标 (I) ..."按钮，从弹出的"为文件夹 MP3 歌曲 更改图标"对话框的列表中选择一个图标，如图 3-9 所示。

图 3-8 "自定义"选项卡

图 3-9 选择更改的图标

(3) 单击"确定"按钮，设置生效。

 **试一试**

（1）请列举出至少五种文件或文件夹的图标。

（2）在 D 盘上以自己的名字建立一个文件夹，再更改为自己喜欢的图标。

PAGE

3.2 资源管理器的使用

☑ 计算机使用得越久，其中的信息资料就越多，如何对这些资料进行分类管理？
☑ Windows 7 中的资源管理器能够管理计算机中的哪些资源？

资源管理器是 Windows 7 中的一个重要的管理工具，能够同时显示文件夹列表和文件列表，便于用户浏览和查找本地磁盘驱动器、内部网络及 Internet 上的资源。使用资源管理器可以创建、复制、移动、发送、删除或重命名文件或文件夹。例如，可以打开要复制或移动的文件夹，然后将文件拖曳到另一个文件夹或驱动器；还可以创建文件或文件夹的快捷方式。

3.2.1 打开资源管理器

打开资源管理器的方法很多，常用的操作方法是单击"开始"→"所有程序"→"附件"→"Windows 资源管理器"命令，打开"资源管理器"窗口，如图 3-10 所示。

图 3-10 "资源管理器"窗口

从功能上来看，资源管理器和计算机窗口没有太大的区别，二者都是用来管理计算机系统中的资源的。

> **提示**
>
> 右击桌面上"开始"按钮，从弹出的快捷菜单中选择"打开 Windows 资源管理器"命令，可以快速打开如图 3-10 所示的"资源管理器"窗口。

3.2.2　使用资源管理器

1. 认识资源管理器

资源管理器窗口与普通窗口没有什么区别，由标题栏、菜单栏、工具栏、地址栏、搜索栏、导航窗格、主窗口及细节窗格组成。

在通常情况下，Windows 7 资源管理器窗口分为左右两部分，如图 3-10 所示。左侧是导航窗格，包含收藏夹、库、家庭组、计算机和网络共五大类资源列表。单击文件夹链接可以进入相应的文件夹子目录。右侧是主窗口，单击导航窗格中的某个驱动器或文件夹，右侧窗口中就会显示该驱动器或文件夹所包含的所有项目。这样，用户就可以通过该窗口找到所需的文件或文件夹。

Windows 7 资源管理器窗口中还包含一个预览窗格，默认处于关闭状态。当浏览文件时，特别是当浏览文本文件、Office 文件（Word 文档、Excel 电子表格、PPT 演示文稿等）、图片和视频时，只要单击选中的文件，文件的内容就会出现在资源管理器窗口右侧的预览窗格中。如果某个文件夹中包含了较多名称无规律的文件，那么通过这个功能，就可以更容易地找到需要的文件。具体操作步骤如下。

（1）在资源管理器的工具栏中，打开"组织"→"布局"→勾选"预览窗格"选项，或者直接单击资源管理器工具栏右侧的"显示/隐藏预览窗格"按钮（▭），即可打开预览窗格。

（2）单击其中一个文件，预览内容就会出现在预览窗格中。例如，分别选中并打开不同类型的文件，结果如图 3-11～3-13 所示。

图 3-11　在预览窗格中查看 Word 文档

如果有视频文件，则只要是 Windows Media Player 支持的文件格式就都可以在 Windows 7 预览窗格中通过 Windows Media Player 播放。

用户可以方便地调整窗口的大小和位置，操作方式是将鼠标指针移到窗口的边框上，当指针变为双向箭头时，按住鼠标并拖曳，则可以任意改变窗口的大小；拖曳标题栏，则可以移动整个窗口的位置。

资源管理器中各窗格的大小可以通过移动中间的分隔条来调整。具体操作方法是将鼠标指针指向分隔条，当指针变为←→形状时，按住鼠标左键，左右拖曳分隔条，从而调整左右窗格的大小。

图 3-12　在预览窗格中浏览 PPT 演示文稿　　　　图 3-13　在预览窗格中浏览图片

2．浏览文件和文件夹

在 Windows 7 中，既可以通过资源管理器或计算机窗口来浏览计算机中的所有资源，也可以通过资源管理器或计算机窗口来管理文件和文件夹。例如，查看 D 盘目录下的文件和文件夹，具体操作方法是打开资源管理器或计算机窗口，在导航窗格中单击 D 盘，在主窗口中显示 D 盘中的所有文件和文件夹，如图 3-14 所示。

如果要返回上一级目录，则可单击窗口地址栏右侧的"后退"按钮（），或者按 Backspace 键。

另外，在地址栏中还可以直接输入想要访问内容的所在地址，或者要访问的网址，前提是用户计算机与 Internet 相连。例如，输入 www.163.com，登录网易门户网站。

3．设置文件与文件夹的显示方式

Windows 7 提供了八种基本的文件显示方式，分别是"超大图标""大图标""中等图标""小图标""列表""详细信息""平铺"及"内容"，如图 3-15 所示。可以根据文件的具体情况选择不同的显示方式。

图 3-14　显示 D 盘中的文件和文件夹

图 3-15　文件显示方式

【例 3.2】在资源管理器窗口中，打开一个文件夹，分别使用"大图标"和"列表"的方式排列显示文件夹内容。

（1）在资源管理器窗口中打开要显示的文件夹，如 Download 文件夹，在主窗口中即可查看该文件夹中的所有文件和文件夹。

(2) 单击工具栏中的"更改您的视图"下拉按钮,在弹出的如图 3-15 所示的菜单中,选择查看文件的方式。也可以反复单击"更改您的视图"按钮,则以"大图标""列表""详细信息""平铺"及"内容"等方式轮流查看文件。

(3) 以"大图标"方式和"列表"方式显示文件及文件夹,结果分别如图 3-16 和图 3-17 所示。

图 3-16 以"大图标"方式显示

图 3-17 以"列表"方式显示

另外,可以单击菜单栏中的"查看 (V)"命令,在弹出的菜单中选择查看方式,如图 3-18 所示。

图 3-18 利用"查看 (V)"命令选择查看方式

各种查看方式含义如下。

➢ **超大图标 (X)**:只显示文件和文件夹的图标和名称。

➢ **大图标 (R)**:与超大图标显示方式一样,只显示文件和文件夹的图标和名称,区别是显示的文件夹图标比超大图标要小。

➢ **中等图标 (M)**:显示文件和文件夹的图标和名称,显示的文件夹图标比大图标要小。

➢ **小图标 (N)**:显示文件和文件夹的图标和名称,显示的文件夹图标比中等图标要小。

➢ **列表 (L)**:以纵向排列方式显示文件或文件夹图标及名称,当文件夹中包含很多文件,并且想在列表中快速查找一个文件名时,这种视图非常有用。

➢ **详细信息 (D)**:以纵向排列方式显示文件夹的内容并提供有关文件的详细信息,包括文件名、修改日期、类型和大小。

> **平铺（S）**：与中等图标显示方式相同，但平铺显示时，每个文件和文件夹名称下方均显示相关的信息，如类型、大小等。
> **内容（T）**：显示文件和文件夹的图标、名称和修改日期，并以大字体显示文件和文件夹的名称。

如果想在窗口中尽可能多地显示文件和文件夹，则可以选择列表方式。如果要更详细地查看文件的信息，如文件名称、修改日期、类型、大小等，则可以选择详细信息方式。超大图标或大图标方式能够比较直观地以图标的方式显示文件和文件夹，一般用于显示图像文件夹中的文件，以便快速查看不同的图像文件。

4．设置文件排序方式

当窗口中包含大量的文件和文件夹时，可以对文件进行分类显示，如文件夹排列在一起，Word 文档排列在一起，还可以按文件的大小、修改日期的先后进行排列。设置文件排序方式有两种方法，一种方法是单击菜单栏中的"查看"→"排序方式（O）"→"类型"命令，选择文件的排序方式；另一种方法是在窗口空白处单击鼠标右键，在弹出的快捷菜单中选择"排序方式"，如图 3-19 所示。例如，选择"类型"方式排列文件，则相同类型的文件排列在一起，结果如图 3-20 所示。

图 3-19　选择"排序方式（O）"

图 3-20　按"类型"方式排列文件

 提示

Windows 7 提供多种排序方式，用户还可以添加其他排序方式，在窗口空白处单击鼠标右键，在弹出的快捷菜单中选择"排序方式"→"更多"命令，弹出如图 3-21 所示的"选择详细信息"对话框，在该对话框中可以选择要添加的排序方式。

图 3-21　"选择详细信息"对话框

试一试

（1）分别通过"附件"打开"Windows 资源管理器"和通过桌面"计算机"打开"计算机"窗口，观察用这两种方法打开的窗口有什么区别。

（2）在资源管理器窗口中展开 D 磁盘驱动器，再分别选择菜单栏"查看"中的"大图标""小图标""列表""详细信息""平铺""内容"等命令，观察窗口中文件列表的显示方式有何不同。

3.3 文件和文件夹的基本操作

问题与思考

☑ 你是否发现现有的用户的计算机桌面图标非常多，显得特别凌乱？

☑ 如何将计算机中用户的文件进行分类管理？这样做有什么好处？

在 Windows 7 中，用户可能会不断地对文件和文件夹进行各种管理操作，包括创建文件夹，移动或复制文件（或文件夹），以及删除文件（或文件夹）等，这些都是文件和文件夹最基本的操作。下面将介绍关于文件和文件夹的基本操作。

3.3.1 新建文件和文件夹

用户可以创建自己的文件，并通过文件夹来分类管理。用户可以通过运行应用程序创建文件。例如，使用 Word 创建自己的文档，该文档的扩展名为.docx。使用应用程序建立的文件扩展名一般由系统默认指定，用户也可以不通过运行应用程序而直接建立文件，操作步骤如下。

（1）打开要新建文件的文件夹窗口，在窗口的空白处右击，在弹出的快捷菜单中选择要建立的文件类型。也可以单击"文件"菜单中的"新建"命令，选择要建立文件的类型，如图 3-22 所示。例如，选择"Microsoft Office Word 文档"命令。

图 3-22 新建文件

（2）此时，在窗口中出现一个新建文件名，用户可以对文件重新命名，按 Enter 键确定。以同样的方法，选择"新建"菜单中的"文件夹"命令，可以创建一个文件夹。

如果用户要打开文件或文件夹，则可首先选中该文件或文件夹，单击"文件"菜单中的"打开"命令，也可以双击文件或文件夹，打开相应的文件或文件夹。如果打开的文件类型已在 Windows 7 中注册过，则系统将自动启动相应的应用程序打开。例如，打开一个 Word 文档时，系统自动启动 Word 应用程序。如果打开的文件是可执行的应用程序，则系统直接运行该程序。如果是打开文件夹，则显示文件夹中的内容。

相 关 知 识

选择文件和文件夹

在 Windows 7 操作过程中，经常需要首先选择文件或文件夹，然后再进行相应的操作。

（1）选择一个文件或文件夹。在文件夹窗口中单击需要选定的文件或文件夹，则被选中的文件或文件夹呈浅蓝色状态。

（2）选择不相邻的多个文件或文件夹。在文件夹窗口中按住 Ctrl 键，再依次单击需要选定的对象，然后释放 Ctrl 键，则可选中多个不相邻的文件或文件夹。

（3）选择相邻的多个文件或文件夹。在文件夹窗口中首先单击选中第一个文件或文件夹，然后按住 Shift 键，再单击最后一个需要选中的文件或文件夹，则可将多个相邻的文件或文件夹选中。

（4）选择全部文件。在文件夹窗口中按 Ctrl+A 组合键，则可选择全部对象。也可以在菜单栏中选择"编辑"→"全选"命令，则可选择全部对象。

3.3.2 重命名文件和文件夹

在文件操作过程中，有时需要对文件或文件夹进行重命名。重命名文件或文件夹的操作步骤如下。

（1）在文件夹窗口中选定要重命名的文件或文件夹。

（2）单击"文件"菜单中的"重命名"命令，或再次单击该文件或文件夹名，文件或文件夹名处于编辑状态。

（3）输入文件或文件夹名，然后按 Enter 键确认。

提示

在 Windows 7 中，可以一次对多个文件或文件夹进行重命名。选中多个需要重命名的文件或文件夹，重命名其中的一个文件或文件夹后，其他文件自动命名。例如，同时选择多个要重命名的文件，输入文件名为 music，则文件将依次自动命名为 music（1）、music（2）等。

3.3.3 复制、移动及发送文件和文件夹

如果要制作文件的一个备份，则需要进行复制操作。如果要将文件从磁盘的一个位置，

移动到另一个位置，则需要进行移动操作。Windows 7 中复制和移动文件或文件夹是经常用到的一种操作。

1．复制文件或文件夹

为了避免计算机中重要数据的损坏或丢失，也为了携带方便（如使用闪存、移动硬盘），需要对指定的文件或文件夹中的数据进行复制。

复制文件或文件夹的方法很多，使用菜单方式复制文件或文件夹的操作步骤如下。

（1）打开文件夹窗口，选定要复制的文件或文件夹。

（2）单击"编辑（E）"菜单中的"复制（C）"命令，如图 3-23 所示，打开文件或文件夹要复制的目标位置。

（3）单击"编辑（E）"菜单中的"粘贴（P）"命令，完成复制操作。

通过工具栏上"组织"菜单中的"复制"命令，也可以完成复制或移动操作。

如果在复制文件或文件夹的目标位置上已经存在同名文件或文件夹，则系统将自动在复制的文件或文件夹名后加上"副本"两个字。

通过以上方式复制后的源文件或源文件夹不发生任何变化。

2．移动文件或文件夹

移动文件或文件夹与复制文件或文件夹的操作类似，但结果不同。移动操作是将文件或文件夹移动到目标位置上，同时在原来的位置上删除源文件或源文件夹。

移动文件或文件夹的方法很多，使用菜单方式移动文件或文件夹的操作步骤如下。

（1）打开文件夹窗口，选定要移动的文件或文件夹。

（2）单击"编辑（E）"菜单中的"剪切（T）"命令，打开文件或文件夹要移动的目标位置。

（3）单击"编辑（E）"菜单中的"粘贴（P）"命令，完成移动操作。

 提示

复制或移动文件或文件夹，还有更简便的方法。

（1）右击要复制的文件或文件夹，在快捷菜单中单击"复制（C）"命令，再在目标文件夹上右击，在弹出的快捷菜单中选择"粘贴（P）"命令。

（2）选中要复制或移动的文件或文件夹，单击"编辑（E）"菜单中的"复制到文件夹（F）..."或"移动到文件夹（V）..."命令，从打开的"复制项目"或"移动项目"对话框中选择要复制或移动的目标文件夹，单击"复制（C）"或"移动（M）"按钮，在新的位置复制或新建一个文件夹。

3．发送文件或文件夹

使用发送命令可以将文件或文件夹快速地复制到"我的文档""桌面快捷方式""邮件接收人"或生成一个"压缩（Zipped）文件夹"。

① 打开文件夹窗口，选定要发送的文件或文件夹。

② 单击"文件（F）"菜单中的"发送到（N）"命令，从子菜单中选择一项操作，如图 3-24

所示。

发送操作实际上也是一种复制操作，发送结束后源文件或源文件夹保留不变。

图 3-23 "编辑（E）"菜单项

图 3-24 "发送到（N）"子菜单

3.3.4 删除与恢复文件和文件夹

在计算机使用过程中，应及时删除不再使用的文件或文件夹，以释放磁盘空间，提高运行效率。

1. 删除文件或文件夹

删除文件或文件夹的方法很多，常用的删除文件或文件夹的操作步骤如下。

（1）选定要删除的文件或文件夹。

（2）单击"文件（F）"菜单中的"删除（D）"命令，弹出"删除文件"对话框，如图 3-25 所示。

（3）如果确定删除，则单击"是（Y）"按钮，被删除的文件或文件夹放入回收站；否则单击"否（N）"按钮，取消删除操作。

另外，在删除文件或文件夹时，也可以将选定的文件或文件夹直接拖曳到桌面的回收站中，这时系统不给出提示信息。

如果按下 Shift 键的同时进行删除操作，则系统将彻底删除所选中的文件，并不是将其放入回收站，用这种方式删除的文件将不能被恢复。

图 3-25 "删除文件"对话框

 提示

在 Windows 7 中安装的应用程序、游戏等组件，如因不继续使用而需要删除，则不要直接删除其中的文件或文件夹，应该使用该应用程序自身的"卸载"功能，或者通过控制面板中的"程序和功能"命令进行删除操作，或者通过工具软件进行卸载。

---

2. 恢复文件或文件夹

在系统默认的状态下，删除的文件或文件夹被放到回收站，并没有被真正删除，只有在清空回收站时，才能彻底删除，释放磁盘空间。

如果发现错删了文件或文件夹，则可以利用回收站来还原，这样可以避免一些误删除的操作。还原文件或文件夹的操作步骤如下。

（1）双击桌面上的"回收站"图标，打开"回收站"，选择要还原的文件或文件夹。

（2）单击工具栏上的"还原此项目"命令，或者右击鼠标，在弹出的快捷菜单中单击"还原"命令，则可将回收站中的文件或文件夹恢复到原来的位置。

3.3.5 创建文件和文件夹的快捷方式

在 Windows 7 中，用户可以为文件、文件夹等对象创建快捷方式。快捷方式是一个指向指定资源的指针，可以快速打开文件、文件夹或启动应用程序，减少用户在计算机中查找文件等资源的操作。

 【例3.3】为便于快速打开一个文件或文件夹，为文件或文件夹建立桌面快捷方式。

(1) 在资源管理器或驱动器窗口中，选定要创建快捷方式的文件或文件夹。

(2) 单击＂文件（F）＂→＂发送到（N）＂命令，在菜单项中单击＂桌面快捷方式（N）＂命令，这时就在桌面上创建了该文件或文件夹的快捷方式。

桌面快捷方式在桌面上是一个图标，并在图标的左下角有一个箭头。双击快捷方式图标，可以启动对应的应用程序或打开文件或文件夹。

选定要创建快捷方式的文件或文件夹后，单击"文件（F）"菜单中的"创建快捷方式（S）"命令（或右击鼠标，在弹出的快捷菜单中单击"创建快捷方式（S）"命令），这时在当前文件夹中可创建快捷方式，可以将该快捷方式拖曳到桌面上，生成桌面快捷方式。

当删除了某项目的快捷方式时，原项目不会被删除，它仍存放在原来位置。

试一试

（1）在 D 磁盘驱动器中分别新建文件夹"My_Music"和"MP3"，在"My_Music"文件夹中建立一个文本文件，文件名为"歌曲名单"。

（2）将"My_Music"文件夹重命名为"音乐"，文件夹中的"歌曲名单"文件重命名为"MP3音乐目录"。

（3）将"MP3 音乐目录"文件复制到"MP3"文件夹中。

（4）将至少一首 MP3 音乐复制到"MP3"文件夹中。

（5）删除"音乐"文件夹。

（6）为某个 MP3 文件在桌面上创建一个快捷方式，双击该快捷方式，观察运行情况。

 相 关 知 识

回收站的设置

Windows 7 为用户设置了回收站，用来暂时存放用户删除的文件，以便对误删除操作进行保护。系统把最近删除的文件放在回收站的顶端，当删除的文件过多时，如果回收站的空间不够大，则在回收站的可用空间用完后，将永久删除最先被删除的文件，被永久删除的文件不能恢复。从硬盘删除任何项目后，Windows 7将该项目放在回收站而且回收站的图标从"空"更改为"满"。从U盘或网络驱动器中删除的项目不会被放到回收站，而是被永久删除。

Windows 7 为每个分区或硬盘分配一个回收站。如果硬盘已经分区，或者计算机中有多个硬盘，则可以为每个回收站指定大小不同的空间。更改回收站的存储容量可以通过"回收站 属性"对话框进行设置。具体操作方法是右击桌面上的"回收站"图标，在快捷菜单中单击"属性（R）"命令，弹出如图 3-26 所示的"回收站 属性"对话框。

图 3-26　"回收站 属性"对话框

　　在该对话框中既可以调整回收站的大小，也可以设置删除文件时不将文件移入回收站，而是彻底删除，这种情况下，一旦文件被删除，就不能再恢复。

　　回收站有"空"和"满"两种外观样式，如果要更改回收站的图标样式，则可以通过单击"开始"→"控制面板"→"个性化"命令，在"个性化"窗口的左侧窗格中，单击"更改桌面图标"命令，在打开的"桌面图标设置"对话框的"桌面图标"列表中，就可以更改"回收站（满）"或"回收站（空）"的桌面图标。

3.4　文件和文件夹的管理

☑ 计算机中保存的文件信息很多，如何快速查找你需要的信息资料？

☑ 为了不让他人浏览你的文件夹，是否要把该文件夹隐藏起来？

　　除对文件和文件夹进行创建、复制等基本操作外，有时还经常进行搜索文件和文件夹，查看文件或文件夹的信息，隐藏或显示文件和文件夹等操作。

3.4.1　搜索文件和文件夹

　　随着在计算机中存储的文件等资源的不断增加，用户在查看指定文件时，如果忘记文件所在的位置，那么想快速查找到文件就比较困难。这时可以通过 Windows 7 提供的搜索功能来快速查找文件或文件夹。

　　下面以在计算机窗口搜索文件和文件夹为例，介绍搜索文件和文件夹的具体操作方法。

　　（1）打开"计算机"窗口，在窗口右上角的搜索文本框中输入搜索关键字，如"比赛"，按 Enter 键，在窗口中便会显示搜索结果，如图 3-27 所示。

　　（2）用户可以在搜索结果中进行复制、删除、修改等一系列操作。如果要打开搜索结果中的某个文件，则只需双击对应的文件即可。

在搜索文件或文件夹时，可以使用通配符（*或?）。例如，键入 file*，则可以搜索以 file 开头的所有文件或文件夹。

如果要更加精确地搜索，则可以选择文件搜索范围，在搜索结果窗口中单击"自定义…"链接，弹出如图 3-28 所示的"选择搜索位置"对话框，只要勾选要搜索的范围的前面的复选框，再单击"确定"按钮即可。

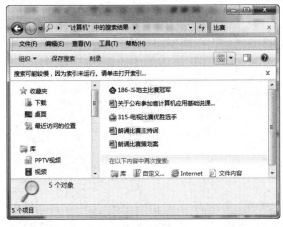
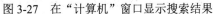

| 图 3-27 在"计算机"窗口显示搜索结果 | 图 3-28 "选择搜索位置"对话框 |

另外，单击"开始"按钮，在搜索框中输入要搜索的文字，此时在"开始"上方即可显示搜索的结果，按 Enter 键，此时会打开搜索文件夹窗口，并显示如图 3-27 所示的搜索结果。

3.4.2 查看文件或文件夹信息

在 Windows 7 中，经常需要查看文件或文件夹的详细信息，以进一步了解文件的详情，包括文件类型、弹出方式、大小、占用空间及创建与修改时间等信息，还可以查看文件夹中包含的文件和子文件夹的数量。

1. 查看文件属性

在窗口中右击要查看属性的文件，如右击"同学"文件名，在弹出的快捷菜单中选择"属性（R）"命令，打开"同学 属性"对话框，如图 3-29 所示。在"常规"选项卡中，可以查看该文件的文件类型、打开方式、存储的位置、占用空间大小、创建时间、修改时间及是否是只读文件等信息。

2. 查看文件夹属性

在窗口中右击要查看属性的文件夹，如 book，在弹出的快捷菜单中选择"属性（R）"命令，弹出文件夹"book 属性"对话框，如图 3-30 所示。在"常规"选项卡中，可以查看该文件夹的类型、所处的位置、占用空间大小、包含的文件及文件夹数量、创建时间、是否设置为只读等信息。

由于文件和文件夹类型不同，属性对话框会有所不同，用户可以在属性对话框中对文件或文件夹的属性进行修改和设置。

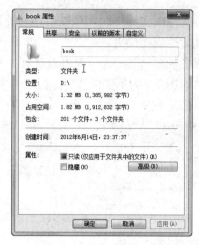

图 3-29　文件属性对话框　　　　　　　图 3-30　文件夹属性对话框

3．设定文件的打开方式

在文件属性的"常规"选项卡中包含该文件的打开方式选项，即双击该文件时默认启动打开该文件的应用程序。例如，在窗口中双击如图 3-29 所示的 JPG 图像文件时，系统默认在 Windows 照片查看器中打开，如果要更换打开的应用程序，则可以单击"更改（C）"按钮，在弹出的"打开方式"对话框中选择一个应用程序，如图 3-31 所示。

选定一种打开方式后，再次打开该文件时，系统会直接调用修改后的打开方式。

图 3-31　"打开方式"对话框

3.4.3　隐藏与显示文件和文件夹

对于一些重要的文件或文件夹，为了防止被其他用户查看或修改，可以将其隐藏，隐藏后的文件或文件夹将无法被看到。当要查看这些被隐藏的文件或文件夹时，可以通过文件夹选项进行相应的设置。

1．隐藏文件和文件夹

在窗口中右击要隐藏的文件或文件夹，在快捷菜单中选择"属性"命令，如果要隐藏文件，则可打开如图 3-29 所示的文件属性对话框，选择"隐藏（H）"复选框。如果要隐藏文件夹，则可在如图 3-30 所示的文件夹属性对话框中选择"隐藏（H）"复选框，弹出如图 3-32 所示的"确认属性更改"对话框，单击"确定"按钮。

如果在文件或文件夹属性对话框中设置了显示隐藏文件或文件夹，那么系统将以半透明状态显示隐藏的文件或文件夹图标，所以其他人还能看到隐藏文件。不显示隐藏的文件或文件夹的操作步骤如下。

（1）单击菜单栏上的"工具（T）"→"文件夹选项（O）"命令，弹出"文件夹选项"对话框，如图 3-33 所示。

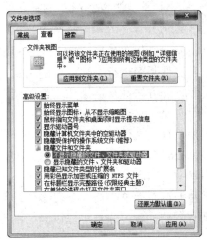

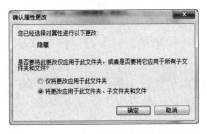

图 3-32　"确认属性更改"对话框　　　　图 3-33　"文件夹选项"对话框

（2）在"查看"选项卡"高级设置"列表框中选中"不显示隐藏的文件、文件夹或驱动器"单选按钮，单击"确定"按钮。

设置完成后，可以发现隐藏的文件或文件夹不再显示，从而对它们起到了保护的作用。

2．显示文件和文件夹

在默认的情况下，为了保护系统，系统将一些重要的文件设置为隐藏。如果要查看这些隐藏的文件，就需要设置显示所有隐藏的文件和文件夹。

（1）打开"文件夹选项"对话框，在"查看"选项卡中，取消勾选"隐藏受保护的操作系统文件（推荐）"复选框。

（2）再选中"显示隐藏的文件、文件夹和驱动器"单选按钮，单击"确定"按钮。

在如图 3-33 所示的对话框中，还可以设置是否显示已注册的文件类型扩展名等选项。

 试一试

（1）在计算机中搜索指定的文件名或文件中包含的关键词，如搜索"比赛"。

（2）选择一个文件，如选择一个 Word 文档，查看或设置它的一些属性，设置步骤如下。

➤ 在"常规"选项卡中查看该文档包含的属性，设置该文档为"只读（R）"。

➤ 在"详细信息"选项卡中查看该文档的"标题""主题""作者""创建日期""修改日期""大小"等信息。

➤ 删除该文件的"标题""主题""作者"等信息。

3.5 库的应用

☑ 在 Windows 7 中，文件或文件夹会越来越多，你通常怎样分类管理？

☑ Windows 7 中的库如何管理文件夹？

在 Windows 7 以前的版本中，主要用文件夹的形式作为基础分类进行文件管理、存放，然后再按照文件类型进行细化。但随着文件数量和种类的增多，以及用户行为的不确定性，原有的文件管理方法往往会造成文件存储混乱、重复文件多等情况，已经无法满足用户的实际需求。而在 Windows 7 中，使用库进行文件管理，可以把本地或局域网中的文件添加到库中收藏起来，管理文件更加方便。

库是 Windows 7 推出的一个有效的文件管理模式。简单地讲，库可以将用户需要的文件和文件夹集中到一起，就如同网页收藏夹一样，只要单击库中的链接，就能快速打开添加到库中的文件夹，而无论它们原来在本地计算机中的任何位置。另外，它们都会随着原始文件夹的变化而自动更新，并且可以以同名的形式存在于库中。

3.5.1 将文件夹包含到库中

用户既可以将文件夹移到库中，也可以将库中的文件夹移出。使用库可以方便地查看和组织文件。

（1）打开要包含文件夹的库，如打开"图片"库。

（2）单击库列表上方的"*x* 个位置"链接（*x* 代表库的个数），弹出"图片库位置"对话框，如图 3-34 所示。

（3）单击"添加（A）…"按钮，弹出"将文件夹包括在'图片'中"对话框，如图 3-35 所示。

图 3-34 "图片库位置"对话框

图 3-35 "将文件夹包括在'图片'中"对话框

（4）选中一个要包含在库中的文件夹，如选择"2011 啤酒节"，然后单击"包括文件夹"

按钮。此时，在"图片库"中可以看到已添加到库的文件夹，单击"确定"按钮。

 提示

如果要快速将文件夹包含在库中，则可以右击该文件夹，在弹出的快捷菜单中选择"包含到库中（I）"命令，并从子菜单中选择要包含到的库。

3.5.2　新建和优化库

在默认情况下，Windows 7 中包含文档、音乐、图片和视频共四个库。用户可以根据需要创建新库，以便存放和收集其他文件。新建库的操作步骤如下。

（1）打开"计算机"窗口，单击右侧窗格中的"库"，打开"库"窗口。

（2）单击工具栏中的"文件（F）"→"新建（W）"→"库"命令。此时，在"库"中显示"新建库"，输入库名即可。

每个库都可以为某一特定的文件类型实现优化，如音乐文件、图片文件或视频文件等，特别是新建一个库后，一般需要对该库进行优化，以方便组织特定类型的文件。例如，新建"流行歌曲"库，然后右击该库，从快捷菜单中选择"属性"命令，弹出"流行歌曲 属性"对话框，从"优化此库（T）"下拉列表中选择"音乐"选项，如图 3-36 所示，最后单击"确定"按钮。

图 3-36　"流行歌曲 属性"对话框

若将新建"流行歌曲"库优化类型为"音乐"，则该库会按照音乐文件类型来组织文件，并显示这些音乐的特定信息，如艺术家、歌曲、流派、分级等。

3.5.3　更改库的默认保存位置

每个库都有一个默认的保存位置，用户可以根据需要指定其他文件夹为默认的保存位置。例如，将"音乐"库中的"我的 MP3"设置为库的默认保存位置。

（1）打开要更改的库，如打开"音乐"库。

（2）单击库列表上方的"3 个位置"链接，弹出"音乐库位置"对话框，如图 3-37 所示。

从图 3-37 中可以看到，该音乐库包含"我的音乐""公用音乐"和"我的 MP3"文件夹，各自的名称下方显示其存储位置。其中，"我的音乐"为库的默认保存位置。

（3）右击"我的MP3"文件夹，从弹出的快捷菜单中选择"设置为默认保存位置"命令。此时，"我的 MP3"文件夹被设置为"默认保存位置"，如图 3-38 所示。

图 3-37　"音乐库位置"对话框　　　　图 3-38　"我的 MP3"文件夹被设置为"默认保存位置"

（4）单击"确定"按钮，完成库默认位置的更改。

将"我的 MP3"设置为默认保存位置后，再次保存音乐时系统就会自动将音乐文件保存到该文件夹中。

提示

如果要从库中删除某个文件夹，则可以打开如图 3-37 所示的对话框，选择一个要删除的文件夹，再单击对话框中的"删除（R）"按钮即可。从库中删除文件夹后，该文件夹仍保存在原来的位置。

试一试

（1）查看 Windows 7 中默认的图片库的保存位置。

（2）新建一个名为"MP3 音乐"的文件夹，然后将该文件夹包含到音乐库中。

（3）新建一个名为"我的照片"的库。

（4）将按日期存放的照片文件夹移到上述新建的库中。

相 关 知 识

WinRAR 压缩软件简介

目前，常用的压缩软件有 WinRAR、WinZip、KuaiZip、HaoZip 等。其中，WinRAR 是 Windows 环境下流行的压缩工具，可用于备份数据，缩减电子邮件附件的大小，解压缩从 Internet 上下载的 RAR、ZIP

及其他类型文件，并且 WinRAR 还可以新建 RAR 及 ZIP 格式等的压缩类文件。WinRAR 包括中文的主工作界面、右键菜单，甚至连十万字的 .hlp 在线帮助文件、使用手册文件、Readme 文件都完全是中文内容。WinRAR 当前常用版本是 5.60。

　　WinRAR 安装成功后，在桌面和开始菜单中各生成一个快捷方式，双击这个快捷方式就会启动 WinRAR 程序，主界面如图 3-39 所示。

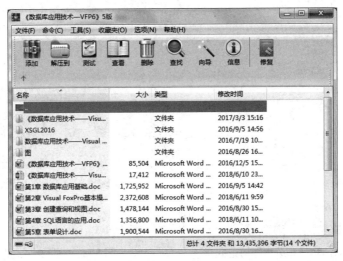

图 3-39　WinRAR 程序主界面

1．压缩文件或文件夹

　　使用 WinRAR 对文件或文件夹进行压缩，右击选中需要压缩的文件或文件夹，在弹出的快捷菜单中选择"添加到压缩文件（A）..."或"添加到'文件名.rar'（T）"（文件名为要压缩的文件或文件夹名）命令。如果选择"添加到压缩文件（A）..."命令，则弹出如图 3-40 所示的"压缩文件名和参数"对话框，在该对话框中可以对压缩文件参数进行设置。如果选择"添加到'文件名.rar'（T）"命令，则直接对选中的文件或文件夹进行压缩，如图 3-41 所示。

图 3-40　"压缩文件名和参数"对话框

图 3-41　正在创建压缩文件

2．解压缩

使用 WinRAR 对文件进行解压缩时，右击要解压的文件，在弹出的快捷菜单中执行"解压文件（A）…"命令，弹出如图 3-42 所示的"解压路径和选项"对话框，在该对话框中可以选择解压缩的路径，还可以设置更新方式、覆盖方式等，最后单击"确定"按钮，开始对文件进行解压缩。

另一种直接解压缩的方法是，双击要解压缩的文件，弹出如图 3-43 所示的解压缩对话框，单击"解压到"图标按钮，直接进行解压缩。

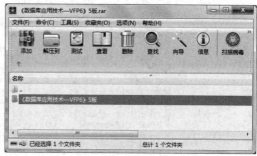

图 3-42　"解压路径和选项"对话框　　　　图 3-43　解压缩对话框

如果想了解 WinRAR 的最新动态等有关信息，则可以登录中文网站 http://www.winrar.com.cn。

思考与练习 3

一、填空题

1．在计算机管理系统中，用户数据和各种信息都是以_____的形式存在的。

2．文件名一般由_____和_____两部分组成，两部分之间用_____分开。

3．若要显示文件的扩展名，则可以单击"文件夹"窗口菜单中的"_____"→"_____"命令完成设置。

4．在 Windows 7 中，如果要弹出某文件夹的快捷菜单，则可以将鼠标指向该文件夹，然后按_____键。

5．在 Windows 7 的"资源管理器"窗口中，为了显示文件或文件夹的详细资料，应使用窗口_____菜单栏中的菜单进行操作。

6．启动"资源管理器"的方法是鼠标右击_____，选择"打开 Windows 资源管理器"命令。

7．在 Windows 7 操作系统的"资源管理器"窗口，若想改变文件或文件夹的显示方式，则应选择_____。

8．如果要重新将桌面上的图标按名称排列，则可以用鼠标在桌面空白处右击，在弹出的快捷菜单中，选择_____中的"名称"命令。

9．在 Windows 7 中，可以按住_____键，然后按↑或↓键选定一组连续的文件。

10．在 Windows 7 中，如果要选取多个不连续文件，则可以按住_____键，再依次单击相应的文件。

11．已经选定了多个文件，如果要取消选中的某些文件，则应在按住_____键的同时依次单击那些要取消选中的文件。

12．当选定文件或文件夹后，如果要设置其"只读"属性，则可以单击鼠标_____键，然后在弹出的快捷菜单中选择_____命令。

13．在 Windows 7 的"回收站"窗口中，如果要想还原选定的文件或文件夹，则可以使用"文件"菜单中的_____命令或工具栏中的_____命令。

14．如果要隐藏已知文件类型的扩展名，则应在"资源管理器"窗口的"工具(T)"菜单中选择_____命令，在打开的对话框中选择_____选项卡，勾选"隐藏已知文件类型的扩展名"选项。

15．在默认情况下，Windows 7 中包含_____、_____、_____和_____共四个库。

二、选择题

1．在 Windows 7 中，如果要浏览本地计算机上所有的资源，则可以实现的是（　　）。

　　A．回收站　　　　　B．任务栏　　　　　C．资源管理器　　　　D．网络

2．在 Windows 7 中，文件名不能包括的符号是（　　）。

　　A．+　　　　　　　B．>　　　　　　　C．-　　　　　　　　D．#

3．下列为文件夹更名的方式，错误的是（　　）。

　　A．在文件夹窗口中，慢速单击两次文件夹的名字，然后输入新名

　　B．单击文件夹，然后按 F2 键

　　C．在文件夹属性中进行更改

　　D．右击图标，在弹出的快捷菜单中选择"重命名（M）"命令，然后输入文件夹的名字

4．当选定文件或文件夹后，删除时并不将这些文件或文件夹放到"回收站"中，而是直接删除的操作是（　　）。

　　A．按 Del 键

　　B．用鼠标直接将文件或文件夹拖曳到"回收站"中

　　C．按 Shift + Del 组合键

　　D．在资源管理器窗口中使用"文件"菜单中的删除命令

5．在 Windows 7 的资源管理器窗口中，如果想一次选定多个分散的文件或文件夹，则正确的操作是（　　）。

　　A．按住 Ctrl 键，用鼠标右键逐个选取

　　B．按住 Ctrl 键，用鼠标左键逐个选取

　　C．按住 Shift 键，用鼠标右键逐个选取

　　D．按住 Shift 键，用鼠标左键逐个选取

6．在资源管理器中，选定多个连续文件的操作为（　　）。

　　A．按住 Shift 键，然后单击每个要选定的文件图标

　　B．按住 Ctrl 键，然后单击每个要选定的文件图标

　　C．选中第一个文件，然后按住 Shift 键，再单击最后一个要选定的文件名

　　D．选中第一个文件，然后按住 Ctrl 键，再单击最后一个要选定的文件名

7．在 Windows 7 中，若已选定某文件，则不能将该文件复制到同一文件夹下的操作是（　　）。

　　A．按住鼠标右键将该文件拖曳到同一文件夹下

　　B．首先执行"编辑"菜单中的"复制（C）"命令，再执行"粘贴（P）"命令

　　C．按住鼠标左键将该文件拖曳到同一文件夹下

D．按住 Ctrl 键，再按住鼠标右键将该文件拖曳到同一文件夹下

8．资源管理器窗口分为两个小窗格，左侧的小窗格称为（　　　）。

    A．导航窗格　　　　　　B．资源窗格　　　　　　C．文件窗格　　　　　　D．计算机窗格

9．资源管理器窗格分为两个小窗格，右侧的小窗口称为（　　　）。

    A．导航窗格　　　　　　B．内容窗格　　　　　　C．详细窗格　　　　　　D．资源窗格

10．为了在资源管理器中快速浏览 .docx 类型文件，最快速的显示方式是（　　　）

    A．按名称　　　　　　　B．按类型　　　　　　　C．按大小　　　　　　　D．按日期

11．对桌面的一个文件 myfile.txt 进行操作，下面说法正确的是（　　　）。

    A．双击鼠标右键可将文件 myfile.txt 打开

    B．单击鼠标右键可将文件 myfile.txt 打开

    C．双击鼠标左键可将文件 myfile.txt 打开

    D．单击鼠标左键可将文件 myfile.txt 打开

12．在 Windows 7 中，下列关于"回收站"的叙述中，正确的是（　　　）。

    A．无论从硬盘还是 U 盘上删除的文件都可以从回收站还原

    B．无论从硬盘还是 U 盘上删除的文件都不能从回收站还原

    C．用 Del 键从硬盘上删除的文件可从回收站还原

    D．用 Shift+ Del 组合键从硬盘上删除的文件可从回收站还原

13．打开快捷菜单的操作方法是（　　　）。

    A．单击左键　　　　　　B．双击左键　　　　　　C．单击右键　　　　　　D．三次单击左键

14．在执行如复制、删除、移动等命令后，如果想取消这些动作，则可以使用（　　　）。

    A．在窗口的"编辑"菜单中使用"撤销"命令

    B．空白处单击鼠标右键

    C．在"回收站"中重新操作

    D．按 Esc 键

15．在 Windows 7 中，下列叙述正确的是（　　　）。

    A．在不同磁盘驱动器之间用左键拖曳文件图标时，Windows 7 默认为是移动文件

    B．在不同磁盘驱动器之间用左键拖曳文件图标时，Windows 7 默认为是删除文件

    C．在不同磁盘驱动器之间用左键拖曳文件图标时，Windows 7 默认为是复制文件

    D．在不同磁盘驱动器之间用左键拖曳文件图标时，Windows 7 默认为是清除文件

16．在计算机中，文件是存储在（　　　）。

    A．磁盘上的一组相关信息的集合　　　　　B．内存中的信息集合

    C．存储介质上一组相关信息的集合　　　　　D．打印纸上的一组相关数据

17．Windows 7 中，文件的类型可以根据（　　　）来识别。

    A．文件的大小　　　　　　　　　　　　　B．文件的用途

    C．文件的扩展名　　　　　　　　　　　　D．文件的存放位置

18．在 Windows 7 操作系统中，Ctrl+C 组合键是（　　　）命令的快捷键。

    A．复制　　　　　　　　B．粘贴　　　　　　　　C．剪切　　　　　　　　D．打印

19．物理删除的文件或文件夹（　　　）。

    A．可以恢复　　　　B．可以部分恢复　　　　C．不可恢复　　　　D．可以恢复到回收站

20．以下是关于 Windows 7 文件名的叙述，错误的是（　　）。

　　A．文件名中允许使用汉字　　　　　　　B．文件名中允许使用多个圆点分隔符

　　C．文件名中允许使用空格　　　　　　　D．文件名中允许使用西文字符"|"

三、简答题

1．在 Windows 7 中，有哪些字符不能出现在文件名中？

2．在资源管理器窗口中，文件与文件夹有哪些视图显示方式？

3．如何将一个文件夹包含到库中？

4．如何使用 WinRAR 对文件和文件夹进行压缩？

四、操作题

1．显示所有文件类型的扩展名。

2．在资源管理器窗口中展开一个文件夹，再分别使用"查看"→"排序方式"中的"名称""类型""大小"和"修改日期"排列图标，观察窗口文件列表的排列方式有何不同。

3．在 D 盘中分别创建名称为 myfile1 和 myfile2 的文件夹。

4．在新创建的 myfile1 文件夹中建立一个文本文件，文件名为 Alice.txt，内容自定。

5．对 Alice.txt 文件分别创建桌面快捷方式和快捷方式。

6．双击 Alice.txt 文件的快捷方式，观察操作结果。

7．至少使用三种不同的方法将 Alice.txt 文件复制到 myfile2 文件夹中。

8．删除 myfile1 和 myfile2 的文件夹及桌面快捷方式，并清空回收站。

9．使用"开始"菜单中的"搜索"框，查询文档中带有"计算机"三个字的文档。

10．自行建立一个库，将自己的材料分类移到该库中。

11．使用 WinRAR 对一个文件夹进行压缩，观察压缩前后文件大小的变化。

第 4 章 中文输入法

学习任务

➤ 了解常见的中文输入法
➤ 能够安装常用的中文输入法
➤ 能够熟练使用一种中文输入法
➤ 能够使用中文输入法建立简单文档
➤ 设置输入法的属性

对于计算机用户来说，在计算机使用过程中已经离不开中文及中文输入。熟练使用中文输入是衡量一个普通用户对计算机操作熟练程度的标准之一。到目前为止，已经有上百种中文输入法。

4.1 认识中文输入法

问题与思考

☑ 你知道有哪些中文输入法吗？
☑ 你经常使用哪种中文输入法？

中文输入法是指为了将汉字输入计算机或手机等电子设备而采用的编码方法，是中文信息处理的重要技术。Windows 7 中内置多种中文输入法，如微软拼音输入法、简体中文全拼等。用户也可以安装并使用其他中文输入法，如搜狗拼音输入法、百度输入法、QQ 拼音输入法、五笔字型输入法等。无论用户使用哪种中文输入法，都应至少熟练掌握一种中文输入法，才能完成基本的文字录入和编辑工作。

4.1.1 中文输入法分类

中文输入法是一种汉字编码方法，如广泛使用的汉语拼音方案及广泛使用的注音符号都能够作为汉字输入法的编码方式，从而形成能够录入汉字的拼音输入法或注音输入法。中文输入法是从 20 世纪 80 年代发展起来的，经历了单字输入、词语输入、整句输入等发展阶段。目前，广泛使用的中文输入法有拼音输入法、五笔字型输入法、郑码输入法等，在中国台湾流行的输入法有注音输入法、呒虾米输入法和仓颉输入法等。流行的输入法软件在 Windows 系统中有搜狗拼音输入法、搜狗五笔输入法、百度输入法、谷歌拼音输入法、QQ 拼音输入法、QQ 五笔输入法、极点中文汉字输入平台；在 Linux 系统中有 IBus、Fcitx；在 Mac OS 系统中除自带输入法软件外，还有百度输入法、搜狗输入法、QQ 输入法；手机系统中一般内置系统提供的中文输入法，此外还有百度手机输入法、搜狗手机输入法等。汉字的单字输入分为音码、形码、音形码、形音码、区位码等几类。

> **音码**。音码是一种拼音输入法，它将汉语拼音作为汉字编码，通过输入拼音字母来输入汉字。优点是：一般学过汉语拼音的人就可以输入汉字，易学、直观，不受字体变化的影响。缺点是：① 同音字太多，重码率高，输入效率低；② 对用户的发音要求较高；③ 难以处理不认识的生字。常见的音码有全拼、双拼、智能 ABC、微软拼音等输入法。

> **形码**。形码是一种字形输入法，它是把汉字拆成若干偏旁、部首及字根，或者拆成笔画，使偏旁、部首、字根和笔画与键盘上的键相对应，输入汉字时通过键盘按字形键入。例如，"好"字是由"女"和"子"组成的。它的优点是：码长（所谓码长是指一个汉字编码的字符个数）较短、重码（所谓重码是指同一编码对应多个汉字）率低、直观，不受操作者文化程度高低、是否识字和各地方言不同的影响，只要看到字形，就能按规则输入。缺点是：如果要掌握一套汉字的拆分规则，则要记忆字根（若干笔画复合连接交叉，形成相对不变的结构）在键盘上的分布规律，长时间不用会忘记。常见的形码有五笔字型、郑码等。

> **音形码**。音形码是一种音形组合输入法，它将汉字的拼音和字形相结合，各取所长。优点是：吸取了音码和形码的长处，重码率低。缺点是：编码规则复杂，难于学习和记忆。常见的音形码有自然码等。

> **形音码**。形音码是结合音码、形码编码原理形成的一种输入方法，其代表是形音码输入法。它是兼容了五笔字型输入法和拼音输入法，并且对两种输入法进行适当调整的一种编码。目前有世纪形音码输入法。

> **区位码**。为了使每个汉字有一个全国统一的代码，我国于 1980 年颁布了汉字编码的国家标准（GB2312—80《信息交换用汉字编码字符集》基本集），根据汉字在汉字集中的位置而进行编码，通过输入的 0~9 数字的组合，把汉字和字符输入计算机中。这个字符集是我国中文信息处理技术的发展基础，也是目前国内所有汉字系统的统一标准。优点是：汉字与码组有严格的对应关系，无须进行二次选择。缺点是：难于记忆。

4.1.2 常用的中文输入法

在中文 Windows 7 系统中可以使用的中文输入法很多，如微软拼音输入法、简体中文全拼、简体中文郑码，还可以使用外挂的五笔字型输入法、搜狗拼音输入法等。下面介绍几种常见的中文输入法及其特点。

1. 微软拼音输入法

微软拼音输入法是一种基于语句的智能型的拼音输入法，采用拼音作为汉字的录入方式，可以连续输入整句话的拼音，不必人工分词、挑选候选词语，这样既保证了用户的思维流畅，又大大提高了输入的效率。微软拼音输入法为用户提供了许多个性化设计。例如，自学习和自造词功能，使用这两种功能，经过与用户进行短时间的"交流"，微软拼音输入法能够熟悉用户的专业术语和用词习惯。微软拼音输入法还为用户提供了一些新的或改进的特性，如中文混合输入、词语转换方式、逐键提示、候选窗口、模糊音设置等。

例如，微软拼音 2010 版对性能和准确度进行了重大改进，并增加了许多更加符合用户使用习惯的功能。该版本软件词库更加丰富，支持自动更新词典和共享的扩展词典平台，并提供可定制的在线搜索，同时提供了新体验和简捷两种主流的输入风格。新体验输入风格秉承微软拼音传统设计，采用嵌入式输入界面和自动拼音转换；简捷输入风格则是微软拼音输入法的全新设计，采用光标跟随输入界面和手动拼音转换。无论用户习惯哪种输入方式，都可以在微软拼音输入法中找到适合的输入方式，满足了不同的用户输入习惯。

目前常用的微软拼音输入法版本有微软拼音 2010 版、微软拼音 2016 版等。

2．微软拼音 ABC 输入法

微软拼音 ABC 输入法的前身是智能 ABC 输入法，可以采用全拼、简拼、混拼、笔形、音形和双打等多种输入方式。该输入法的最大特点是采用简拼或混拼输入，且提供的功能包括自动分词和构词、自动记忆、强制记忆、模糊记忆、频度调整和记忆、自动识别前加成分或自动识别后加成分并予以自动搭配，具有以下特点。

（1）中英文输入切换。平时直接输入中文，想输入大写英文时按一下 CapsLock 键即可。如果想输入小写英文，则可以首先按 v，然后再输入要输入的英文即可。例如，想输入 faint，直接输入"vfaint"即可。

（2）全/半角切换。按 Shift+空格键组合键即可。例如，"~"和"～"。

（3）中英文标点符号切换。按 Ctrl+. 键组合键即可。例如，"."和"。"，"￥"和"$"等。

（4）简单输入汉字数字。首先按 i，再输入要输入的数字，按空格键即可。例如，要输入"一二三四五六"，直接输入 i123456 按空格键即可。要输入大写"壹"、"贰"、"叁"等，则首先输入大写 I（按住 Shift+i 键，即可输入 I）后再输入相关数字即可，如输入 I123456 即可得到"壹贰叁肆伍陆"。

（5）简单输入特殊符号。首先按 v 键，然后按数字键，就可以找到很多特殊的符号。例如，输入 v1，可以选择标点符号及特殊符号；输入 v2，是所有的编号排版所用符号，如"1."
"（1）""①"等；输入 v3，则是常见字符的变体，如@*{% E 等。

（6）输入中文日期。快速输入年、月、日的方法与其他输入法相似，使用"n""y""r"来分割"年""月""日"，在输入前，需要加上"i"。例如，要输入"二〇一八年九月八日"，只需键入 i2018n9y8r 即可。

（7）快速输入单位。使用微软拼音 ABC 输入法还可以快速输入计量单位，仅需输入"i+单位缩写"即可。例如，要输入"厘米"，只要键入"icm"即可。输入"万""千""百""十"等的方法是在其声母前加"i"。例如，输入"千"，只需键入"iq"即可。

3．五笔字型输入法

五笔字型输入法是众多输入法的一种，它采用了字根拼形输入方案，即根据汉字组字的特点，把一个汉字拆成若干个字根。用字根输入，然后由计算机拼成汉字。最具代表的是王码五笔输入法（王码五笔输入法字根图表如图 4-1 所示）。另外，还有极品五笔、搜狗五笔、万能五笔、微软五笔、陈桥五笔、智能五笔、QQ 五笔、百度五笔、极点五笔、万能五笔、文龙双码五笔等输入法。

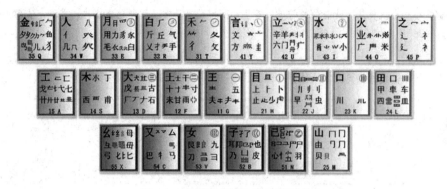

图 4-1 王码五笔输入法字根图表

4．搜狗拼音输入法

搜狗拼音输入法是 2006 年 6 月由搜狐（SOHU）公司推出的一款 Windows 系统下的汉字拼音输入法。搜狗拼音输入法在词库的广度、首选词准确度等数据指标上都领先于其他输入法。搜狗拼音输入法的最大特点是实现了输入法和互联网的结合。该输入法会自动更新其自带热门词库，这些词库源自搜狗搜索引擎的热门关键词，从而使用户自造词的工作量减少，从而提高了效率。自 2009 年 9 月开始，搜狗拼音输入法陆续推出 Android、iOS 版本，成为智能手机时代强大的第三方输入法之一。目前，该输入法最新版本是 9.0 版，其改进的特点如下。

- ➢ 默认皮肤改版，界面更清新。
- ➢ 右键菜单优化，选择更便捷。
- ➢ 写作窗口高分屏适配优化，Emoji 显示更清晰。
- ➢ 网站直达功能优化，预览更直观。
- ➢ 增加登录账户设备管理功能，方便删除不常用设备。
- ➢ 拆分输入功能优化，候选结果更丰富。

5．QQ 拼音输入法

QQ 拼音输入法（简称 QQ 拼音、QQ 输入法），是 2007 年 11 月由腾讯公司开发的一款汉语拼音输入法软件，运行于 Windows、Mac OS 等系统下。QQ 拼音输入法与搜狗拼音、谷歌拼音、智能 ABC 等同为主流输入法。与大多数拼音输入法一样，QQ 拼音输入法支持全拼、简拼、双拼这三种基本的拼音输入模式。而在输入方式上，QQ 拼音输入法支持单字、词组、整句的输入方式。在基本字句输入方面，QQ 拼音输入法与常用的拼音输入法无太大的差别。它默认显示五个候选字，以横向的方式呈现；最多可同时显示九个候选字，可以改变为纵向显示候选字。QQ 拼音输入法 2018 版的功能特点如下。

- ➢ **精美皮肤**：提供多套精美皮肤，使输入过程更加享受。
- ➢ **输入速度快**：输入速度最快，占用系统资源最小，利用最好的算法，最少的损耗，达到最优的性能。
- ➢ **词库丰富**：丰富的聊天词汇、互联网词汇，包含最新最全的流行词汇，不仅适合任何场合使用，而且还是最适合聊天软件和其他互联网应用的输入法。
- ➢ **用户词库网络迁移**：先进的网络同步功能，满足每个用户的个性化需求。每个 QQ 号都有属于自己

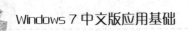
的海量词库。

➢ **智能整句生成算法**：优秀的整句生成算法和简拼扩展功能，智能化完成构词需求，使用户输入时得心应手。

➢ **个性表情**：输入 ai 则出现"o(‿ˆ‿)o 唉"表情，输入 haobang 则出现"o(v)o～～好棒"表情，丰富的个性表情满足用户个性需要。

 **试一试**

（1）如何使用你常用的汉字输入法快速输入词组？

（2）在输入汉字过程中，如何快速实现中英文的转换？

相 关 知 识

计算机中汉字的编码与存储

英语文字是拼音文字，所有文字均由 26 个字母拼写而成，所以使用一字节表示一个字符。但汉字是象形文字，汉字的计算机处理技术比英文字符复杂得多，一般用两字节表示一个汉字。由于汉字有一万多个，常用的也有六千多个，所以编码采用两字节的低 7 位共 14 个二进制位表示。通常，汉字的编码方案要解决如下几个编码问题。

1．汉字交换码

汉字交换码是指不同的，具有汉字处理功能的，在计算机系统之间交换汉字信息时所使用的代码标准。自国家标准 GB2312—80 颁布以来，我国一直沿用该标准所规定的国标码作为统一的汉字信息交换码。

GB2312—80 标准包括了 6763 个汉字，按其使用频度分为一级汉字 3755 个和二级汉字 3008 个。一级汉字按拼音排序，二级汉字按部首排序。此外，该标准还包括标点符号、数种西文字母、图形、数码等682 个基本图形符号。一个汉字所在的区号与位码简单地组合在一起就构成了该汉字的"区位码"。

2．汉字机内码

汉字机内码又称内码或汉字存储码，是计算机内部存储、处理的代码。该编码统一了各种不同的汉字输入法在计算机内的表示方式。一个汉字用两字节的内码表示，计算机显示一个汉字的过程是首先根据其内码找到该汉字在字库中的地址，然后在屏幕上输出该汉字的点阵字形。

3．汉字输入码

汉字输入码也称外码，是为了通过键盘字符把汉字输入计算机而设计的一种编码。对于同一汉字而言，输入法不同，其外码也不同。例如，对于汉字"啊"，在区位码输入法中的外码是 1601，在拼音输入法中的外码是 a，而在五笔字型输入法中的外码是 KBSK。

4．汉字字形码

汉字字形码又称汉字字模，用于汉字在显示屏或打印机上输出。汉字字形码通常有两种表示方式，即点阵表示方式和矢量表示方式。

用点阵表示字形时，汉字字形码指的是这个汉字字形点阵的代码。根据输出汉字的要求不同，点阵的多少也不同。简易型汉字为 16×16 点阵，提高型汉字为 24×24 点阵、32×32 点阵、48×48 点阵等。点规模越大，字形越清晰美观，所占存储空间也就越大。

矢量表示方式存储的是描述汉字字形的轮廓特征，当要输出汉字时，通过计算机的计算，由汉字字形描述生成所需大小和形状的汉字点阵。矢量化字形描述与最终文字显示的大小、分辨率无关，因此可以产生高质量的汉字输出。

存储汉字时为了节省存储空间，普遍采用字形数据压缩技术。所谓的矢量汉字是指用矢量方法将汉字点阵字模进行压缩后得到的汉字字形的数字化信息。Windows 系统中使用的 TrueType 技术就是汉字的矢量表示方式。

4.2　安装中文输入法

☑　除使用 Windows 7 自带的中文输入法外，如何获得其他中文输入法？

☑　你会安装其他中文输入法吗？

安装中文 Windows 7 系统时，安装程序将自动安装微软拼音输入法，用户可以选择其中的一种进行中文输入。但仅这几种输入法并不能满足用户的需要，如有些用户需要使用搜狗拼音输入法或五笔字型输入法等。当用户要使用那些 Windows 7 没有提供的中文输入法时，就需要首先自己安装，再使用该输入法。

 提示

如果要了解当前 Windows 7 已经安装并能够使用的中文输入法，则可以单击任务栏右侧的语言栏图标，在出现的菜单上查看或选择一种中文输入方法。

【例 4.1】在 Windows 7 中添加系统自带的简体中文全拼输入法。

(1) 单击〝开始〞→〝控制面板〞→〝区域和语言〞链接，弹出〝区域和语言〞对话框，如图 4-2 所示。

(2) 选择〝键盘和语言〞选项卡，单击〝更改键盘〞按钮，弹出〝文本服务和输入语言〞对话框，如图 4-3 所示。在该对话框中可以设置默认的输入法，〝已安装的服务 (I)〞列表框中给出了已安装的输入法。例如，选择〝中文(简体)—搜狗拼音输入法〞，单击〝属性 (P) ...〞按钮，弹出该输入法属性设置对话框，如图 4-4 所示，对该输入法进行属性设置。

(3) 返回〝文本服务和输入语言〞对话框，单击〝添加 (D) ...〞按钮，弹出〝添加输入语言〞对话框，如图 4-5 所示。

(4) 选择要添加的输入法。例如，勾选〝简体中文全拼 (版本 6.0)〞，单击〝确定〞按钮，则该输入法被添加到语言栏中，如图 4-6 所示。

图 4-2 "区域和语言"对话框

图 4-3 "文本服务和输入语言"对话框

图 4-4 "属性设置 搜狗输入法"对话框

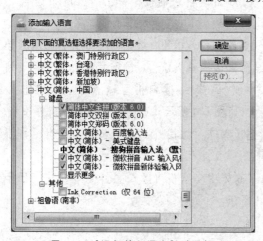

图 4-5 "添加输入语言"对话框

图 4-6 添加的简体中文全拼输入法

添加输入法后，就可以使用该输入法进行输入中文了。

如果一种输入法暂时不用，则可以从语言栏中将它删除。具体操作方法是在"文本服务和输入语言"对话框中（如图 4-3 所示），从"已安装的服务（I）"列表框中选择一种输入法，单击"删除（R）"按钮即可。

删除的输入法只是不显示在语言栏中，如果以后再要使用该输入法，则可以按照上述方法再次安装使用。

 **试一试**

（1）在教师的指导下下载并安装一种中文输入方法，如 QQ 拼音输入法。

（2）从语言栏中删除已安装的简体中文全拼输入法。

4.3 输入法设置

 问题与思考

☑ 如果从语言栏上删除了一种输入法，那么你能添加回来吗？

☑ 你会设置输入法切换的快捷键吗？

输入方法的设置包括单击语言栏的显示按钮查看已经安装的汉字输入法，添加一个已经安装的中文输入法，删除暂时不用的输入法，设置默认的输入法，在桌面上显示或隐藏语言栏和设置输入法的快捷键等操作。

1．选择默认的输入法

当运行一个应用程序或打开一个新窗口时，既可以直接使用自己习惯的输入法，也可以将该输入法设置为默认的输入法。例如，将搜狗拼音输入法设置为用户默认的输入法，当打开一个程序（Word 文档、记事本）时，即可自动打开该输入法。具体操作方法是，弹出如图 4-7 所示的"文本服务和输入语言"对话框，在"常规"选项卡的"默认输入语言（L）"选项列表框中，选择一种输入法，如搜狗拼音输入法，然后单击"应用（A）"或"确定"按钮。

2．设置输入法切换快捷键

设置输入法切换快捷键，能够方便用户快速选择所要的输入法。在"文本服务和输入语言"对话框中切换到"高级键设置"选项卡，如图 4-8 所示，在"输入语言的热键操作"选项列表框中，可以查看系统当前各项操作的设置。例如，在输入法与非输入法之间的切换组合键是"Ctrl+Space"；全角与半角之间切换的组合键是"Shift+Space"；在不同语言之间的切换组合键是"左 Alt+Shift"。

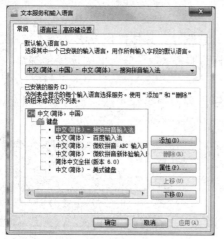

图4-7 "文本服务和输入语言"对话框   图4-8 "高级键设置"选项卡

同样，用户可以为自己使用的输入法定义快捷键。具体操作步骤如下。

（1）在如图4-8所示的"高级键设置"选项卡的"输入语言的热键操作"选项列表框中，选中一种输入法。例如，选中"微软拼音新体验输入风格"。

（2）单击"更改按键顺序（C）..."按钮，弹出"更改按键顺序"对话框，如图4-9所示。

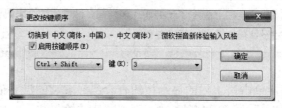

图4-9 "更改按键顺序"对话框

（3）勾选"启用按键顺序（E）"复选项，设置一种按键方式。例如，设置快捷键"Ctrl+Shift+3"，单击"确定"按钮。

设置好输入法的快捷键后，当要选择"微软拼音新体验输入风格"时，则不必使用"Ctrl+Shift"组合键来逐项选择，而可以直接使用"Ctrl+Shift+3"组合键切换至"微软拼音新体验输入风格"。

 试一试

（1）设置语言栏的不同状态。在"文本服务和输入语言"对话框的"语言栏"选项卡中，设置语言栏悬浮于桌面上、停靠于任务栏或隐藏等不同状态，观察设置效果。

（2）设置搜狗拼音输入法的切换组合键为"Ctrl+Shift+2"，然后检验效果。

相 关 知 识

安装字体

Windows 7 系统安装后，系统默认安装了一些字体，如宋体、楷体、黑体及一些英文字体等。这些字体能够满足一般的需求。而对于专业排版和有特殊需求的用户来说，有时仅有这些字体是不够的，还需要安装一些特殊的字体。网上提供了大量的字体，如图 4-10 所示，用户可以从网上下载需要的字体。

1．用复制的方法安装字体

在 Windows 7 中采用复制的方法安装字体。首先从网上查找需要的字体，然后再将字体文件（.ttf）复制到字体文件夹中即可。默认的字体文件夹在 C:\Windows\Fonts 中。例如，下载"方正字库"字体，仅需直接将该字体文件复制到字体文件夹 C:\Windows\Fonts 中即可，如图 4-11 所示。

图 4-10　网上提供了大量的字体

图 4-11　将字体文件复制到字体文件夹

还可以打开"控制面板"菜单的"字体"选项，进入"字体管理"窗口。虽然两个界面有所不同，但操作上却很相似。

因此，将需要安装的字体文件直接复制到上述的文件夹，安装完成后用户即可调用新安装的字体。

2．用快捷方式安装字体的方法

用快捷方式安装字体可以节省空间，因为使用复制的方法安装字体是将字体全部复制到 C:\Windows\Fonts 文件夹中，会使系统变大，但是使用快捷方式安装字体就可以起到节省空间的效果。操作方法如下。

（1）在如图 4-11 所示的窗口中，单击左侧窗格中的"字体设置"链接，进入"字体设置"窗口，勾选"允许使用快捷方式安装字体（高级）（A）"选项，如图 4-12 所示。

（2）打开字库文件夹，选择（可以选择某个字体或多个字体）后，右击鼠标，从弹出的快捷菜单中选择"作为快捷方式安装（S）"命令，即可安装字体，如图 4-13 所示。

（3）安装完成后就可以直接使用该字体了。

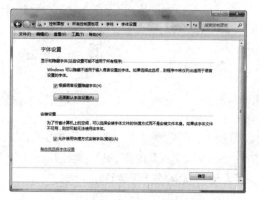

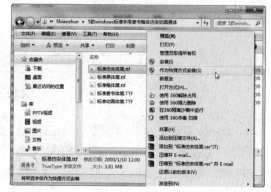

图 4-12　选择快捷方式安装字体　　　　　图 4-13　快捷方式安装字体

4.4　使用中文输入法

问题与思考

☑　你对自己的中文输入速度满意吗？

☑　你的打字速度是通过计算机学习、上网聊天还是其他方式提高的？

　　安装并熟悉了各种中文输入法后，就可以使用中文输入法输入中文了。本节介绍用户最常使用的几种中文输入法。

4.4.1　微软拼音输入法

　　微软拼音输入法是一种基于语句的汉语拼音输入法，用户可以连续输入汉语语句的拼音，系统自动根据输入的拼音选择最合理、最常用的汉字，免去逐字逐词进行选择的麻烦。微软拼音输入法提供了自学习、用户自造词等功能。因此，计算机经过与用户短时间的交流，就会适应用户的专业术语和语句习惯，使输入语句的成功率得到较大的提高，从而提高用户的输入速度。

1．使用微软拼音输入法

　　微软拼音输入法支持全拼输入和双拼输入两种方式。输入的汉语拼音之间无须用空格间隔，输入法自动切分相邻的汉语拼音。如果在系统列出的汉字中没有用户需要的字，那么用户可以通过单击翻页按钮，或者使用键盘上的"]""="或 PageDown 键向前翻阅；或者按"[" "－"或 PageUp 键向后翻阅。

　　为加快用户的输入速度，应尽可能地使用词组进行输入，输入词组时可一次将词组中所有中文的汉语拼音全部输入，然后再按空格键，这时，在候选窗口中可出现相应的词组列表供用户选择。

　　当用户连续输入一连串汉语拼音时，微软拼音输入法可以通过语句的上下文自动选取最合适的字词。但有时，自动转换的结果与用户所希望的不同，以致出现错误字词。此时，可以将光标移到错误字词处，在候选窗口中选择正确的字词，修改后按 Enter 键确认。

使用微软拼音输入法时，如果词库中没有用户所输入的词组，则可以逐个字选择，当输入一次该词组后，它会被系统自动加入词库中，再次输入该词组时，该词组会出现在列表中。

微软拼音输入法 2010 版的状态条在 Windows 7 中默认停靠在任务栏中，用户可以通过右击语言栏，选择菜单中的"还原语言栏"，使状态条悬浮于桌面上，各功能按钮说明如图 4-14 所示。

【例 4.2】在 Windows 7 中，使用微软拼音输入法 2010 版输入中文。

(1) 如果你使用的计算机没有安装微软拼音输入法 2010 版，则可以首先从网络上下载，然后再安装到你使用的计算机中。单击任务栏中的语言栏图标，可以观察到安装微软拼音输入法 2010 版后在系统输入法中添加了两款不同风格的输入法，它们分别为"微软拼音-新体验 2010"和"微软拼音—简捷 2010"，如图 4-15 所示。

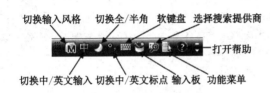

图 4-14　状态条功能按钮说明　　　　图 4-15　已安装微软拼音输入法 2010 版

(2) "微软拼音—新体验 2010"和"微软拼音—简捷 2010"这两种风格面对的是新老用户的不同要求，使用惯了旧版微软拼音输入法的用户及搜狗等拼音输入法的用户都可以迅速地迁移到新版的微软拼音输入法中来。

➢ **微软拼音—新体验 2010**：该版本秉承微软拼音输入法的传统设计，采用嵌入式输入界面和自动拼音转换的方式，以高效的整句转换能力提供快捷输入，如图 4-16 所示。

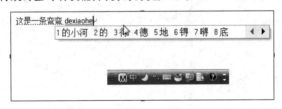

图 4-16　"微软拼音—新体验 2010"输入法

➢ **微软拼音—简捷 2010**：该版本是微软拼音输入法 2010 版的全新设计，采用光标跟进输入界面和手动拼音转换的方式，满足用户逐句输入的需要，如图 4-17 所示。

图 4-17 "微软拼音—简捷 2010"输入方式

在输入汉字过程中，如果要实现中/英文快速转换，则可以使用"Ctrl+空格键"组合键；如果要在各种输入法和英文之间切换，则可以使用"Ctrl+Shift"组合键。

使用"微软拼音—新体验 2010"输入法输入整句话后，不用按空格键，直接输入标点符号后，系统即可自动对前面输入的整句进行翻译，翻译无误后可继续输入后面的语句。

提示

（1）快速回到句首。输入完一个句子，按 Home 键可以快速回到句首。因为光标移动键的作用是循环的。

（2）零声母与音节切分符。汉语拼音中有一些零声母字，即没有声母的字。在语句中输入这些零声母字时，使用音节切分符可以得到事半功倍的效果。例如，输入"皮袄"时，输入带音节切分符的拼音"pi ao"（中间加一个空格），或者中间用单引号分隔，如"pi'ao"，能够提高输入速度。

2. 微软拼音输入法属性设置

为了提高中文输入的效率，适合用户自己的输入习惯，可以对微软拼音输入法的属性进行设置。具体操作方法是，单击微软拼音输入法语言栏上的"功能菜单"图标，在弹出的快捷菜单中单击"输入选项（O）"命令（如图 4-18 所示），弹出如图 4-19 所示的输入选项对话框。

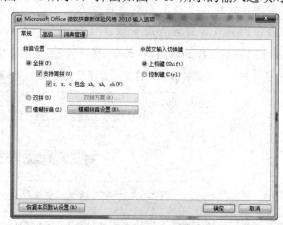

图 4-18 微软拼音输入法快捷菜单　　　　图 4-19 微软拼音输入法输入选项对话框

在微软拼音输入法输入选项对话框中，用户可以设置全拼输入、双拼输入、模糊拼音输入及中英文输入切换键。

在"高级"选项卡中，可以设置使用的字符集、自学习和自造词等功能，如图 4-20 所示。部分属性的含义如下。

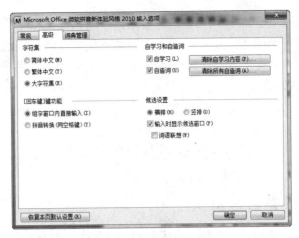

图 4-20　"高级"选项卡

➢ **自学习**：微软拼音输入法将记住每次用户更正过的错误，使错误重现的可能性减小。例如，"智能输入"在第一次输入时出现"只能输入"。此时，只要把光标移到"只能"之前，候选框就会自动弹出汉字序列，从候选窗口中选取"智能"一词，再按 Enter 键确认，输入法就会自行记忆。再次输入"zhinengshuru"，系统就正确地转为"智能输入"。

➢ **自造词**：微软拼音输入法会自动将用户自己创造的词记录到用户词典中。系统允许用户定义长度为 2~9 个中文词组。

为加快中文词组的输入，微软拼音输入法 2010 版还提供了丰富的词典功能，如图 4-21 所示。

图 4-21　微软拼音输入法 2010 版词典功能

另外，微软拼音输入法 2010 版还提供了许多新的功能。例如，为了提高专业词汇输入的效率，可以使用扩展词典。扩展词典是微软拼音输入法 2010 版提供的一个全新的功能，它使第三方组织或个人可以很容易地为微软拼音输入法 2010 版创建词典，并在微软拼音输入法 2010 版中使用。通过创建、使用扩展词典，用户可以很容易地将微软拼音输入法 2010 版词典覆盖的范围扩展到任意领域，从而在不同领域都能够获得很高的转换准确率。同时，词典创建者可以任意与别人分享所创建的词典，他可以通过博客、论坛、个人主页等方式将他所创建的词典发布出去，其他人则可以到这些地方下载、安装和使用这些词典。

用户可以在微软拼音输入法 2010 版的官方网站下载扩展词典，此外，也可以在微软拼音输入法输入选项中的词典管理中开启或关闭已经安装的词典，并且可以设置 Microsoft Update 来自动更新这些词典。

对于微软拼音输入法 2010 版的其他功能，除可以查阅有关资料外，还可以单击语言栏上的功能菜单按钮，了解相关的功能。

对于不同的中文输入法，都有其对应的属性设置，用户可以对自己使用的中文输入法进行属性设置。

4.4.2 搜狗拼音输入法

搜狗拼音输入法是一款基于搜索引擎技术的，特别适合大众使用的，新一代的输入法产品。

1．选择搜狗拼音输入法

安装搜狗拼音输入法后，将鼠标移到要输入的位置后单击，使系统进入输入状态，可按 Ctrl+Shift 组合键切换输入法，或者直接从语言栏中选择搜狗拼音输入法。选择搜狗拼音输入法后，按下 Shift 键切换到英文输入状态，再按一下 Shift 键就会返回中文状态。用鼠标单击状态栏上面的"中"字图标也可以进行切换。

除 Shift 键切换外，搜狗拼音输入法也支持回车键输入英文和 V 模式输入英文。具体使用方法是，输入英文，直接按回车键即可，也可以首先输入 V，然后再输入要输入的英文，可以包含"@""+""*""/""–"等符号，然后按空格键即可。

2．全拼输入

全拼输入是拼音输入法中最基本的输入方式。只要用 Ctrl+Shift 组合键切换到搜狗拼音输入法，在输入窗口输入拼音即可输入。输入窗口很简洁，上面的一排是所输入的拼音，下一排就是候选字，输入所需的候选字对应的数字，即可输入词组。第一个词默认是红色的，直接按下空格键即可输入第一个词。例如，"搜狗拼音"，则输入 sougoupinyin 即可。全拼输入如图 4-22 所示。

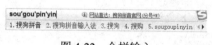

图 4-22 全拼输入

默认的翻页键是逗号（,）和句号（.），即输入拼音后，按句号（.）进行向下翻页选字，相当于 PageDown 键，找到所选的字后，按其相对应的数字键即可输入。输入法默认的翻页键还有减号（–）、等号（=）、左右方括号（[ ]），可以通过"设置属性"→"按键"→"翻页按键"命令来进行设置。

3．简拼输入

简拼输入法是输入声母或声母的首字母来进行输入的一种方式，有效地利用简拼，可以大大提高输入的效率。搜狗拼音输入法支持声母简拼和声母的首字母简拼。例如，要输入"钱钟书"，则输入"qzhshu"或"qzsh"都可以。同时，搜狗输入法支持简拼全拼混合输入。例如，输入"srf""sruf""shrfa"都可以得到"输入法"一词。

4．U 模式笔画输入

U 模式笔画是专门为输入不会读的字所设计的。在按下 u 键后，依次输入一个字的笔顺，就可以得到该字。笔顺为 h（横）、s（竖）、p（撇）、n（捺）、z（折）。其中，点也可以用 d 来输入。例如，输入"你"字，如图 4-23 所示。但竖心的笔顺是点点竖（dds），而不是竖点点。

图 4-23 U 模式笔画输入

5．笔画筛选输入

笔画筛输入选用于输入单字时，可用笔顺来快速定位该字。使用方法是输入一个字或多个字后，按下 Tab 键，然后依次输入第一个字的笔顺，一直找到该字为止。五个笔顺的规则同 U 模式笔画输入的规则。要退出笔画筛选模式，只需删除已经输入的笔画辅助码即可。例如，快速定位"珍"字，输入了 zhen 后，按下 Tab 键，然后输入"珍"的前两笔"hh"，就可定位该字，如图 4-24 所示。

图 4-24 笔画筛选输入

6．V 模式中文数字

V 模式中文数字是一个功能组合，包括多种中文数字的功能。只能在全拼状态下使用。

（1）中文数字金额大小写。例如，输入"v424.52"，得到"四百二十四元五角二分"或"肆佰贰拾肆元伍角贰分"，如图 4-25 所示。

（2）整数数字。输入整数数字，如输入"v12"，则输出"XII"，如图 4-26 所示。

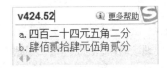

图 4-25 中文数字金额大小写

图 4-26 整数数字

（3）日期自动转换。例如，输入"v2012.9.15""v2012-9-15"或"v2012/9/15"，可以选择输出"2012 年 9 月 15 日（星期六）"或"二〇一二年九月十五日（星期六）"，如图 4-27 所示。

（4）日期快捷输入。例如，输入"v2012n9y15r"，输出"2012 年 9 月 15 日"，如图 4-28 所示。

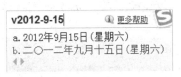

图 4-27 日期自动转换

图 4-28 日期快捷输入

7．网址输入模式

网址输入模式是搜狗拼音输入法特别为网络设计的便捷功能，在中文输入状态下可以输入几乎所有的网址。规则是，输入以 www、http:、ftp:、telnet:、mailto:等开头的字母时，系统自动识别进入英文输入状态，后面可以输入如 www.sogou.com、http://www.sogou.com 类型的网址，如图 4-29 所示。

图 4-29　网址输入模式

　　输入非 www.开头的网址时，可以直接输入，如输入 abc.abc 就可以，但是不能输入 abc123.abc 类型的网址，因为数字将被当作默认的选项键。

　　输入邮箱时，可以输入前缀不含数字的邮箱。例如，weiyi@163.com。

试一试

　　选择一种你熟悉的输入法，试录入以下短文。

　　人工智能（Artificial Intelligence），英文缩写为 AI。它是研究、开发用于模拟、延伸和扩展人类智能的理论、方法、技术及应用系统的一门新的技术科学。

　　人工智能是计算机科学的一个分支，它企图了解智能的实质，并创新出一种新的能够以人类智能相似的方式做出反应的智能机器，该领域的研究包括机器人、语言识别、图像识别、自然语言处理和专家系统等。

相 关 知 识

搜狗拼音输入法属性设置

　　下面以搜狗拼音输入法为例，介绍输入法属性的设置方法。

（1）在任务栏右侧单击语言栏选择"搜狗拼音输入法"，出现该输入法的提示框，如图 4-30 所示。

图 4-30　"搜狗拼音输入法"提示框

　　（2）单击"自定义状态栏"按钮，从弹出的对话框中可以自行设置，包括功能选择、颜色选择，如图 4-31 所示。

图 4-31　"自定义状态栏"对话框

（3）单击"中/英文符号"按钮，可以进行中英文输入法的切换；单击"表情"按钮，可以查看和设置图片表情，如图 4-32 所示。

图 4-32　"图片表情"对话框

（4）搜狗输入法提供了丰富的工具箱，如图 4-33 所示，可以进行相应的属性设置。

图 4-33　"搜狗工具箱"对话框

（5）如要进行属性设置，单击"属性设置"图标，在打开的"属性设置"对话框中，可以从左侧窗格中的选项进行设置，如图 4-34、图 4-35 和图 4-36 所示分别进行常用、外观和高级选项的设置。

图 4-34　"常用"设置对话框　　　　　　　　　图 4-35　"外观"设置对话框

图4-36　"高级"设置对话框

各项功能的具体设置，需要用户在使用过程中慢慢体会。

对于不同的汉字输入法，都对应不同的属性设置，用户可以对自己使用的中文输入法进行属性设置。

4.5　建立简单文档

☑　在使用计算机录入文字时，你通常使用什么编辑软件？

☑　你知道 Windows 7 提供了哪些简单文本编辑工具软件吗？

问题与思考

　　记事本是一个用来创建简单文档的文本编辑器。由于多种格式源代码都是纯文本的，所以记事本成为使用最多的源代码编辑器。因为记事本只具备最基本的编辑功能，所以它体积小巧，启动快，占用内存低，容易使用。

　　记事本的功能虽然连写字板都比不上，但是它有自己的特点。相对于微软公司的 Word 软件来说，记事本的功能确实是太简单了，只有新建、保存、打印、查找、替换这些功能。但是，记事本却拥有一个 Word 软件不可能拥有的优点，即打开速度快、文件小。同样的文本文件分别用 Word 软件和记事本保存，则文件大小大不相同，所以保存短小的纯文本时最好采用记事本。

　　记事本的另一项不可取代的功能是，它可以保存无格式文件。可以把记事本编辑的文件保存为.html、.java、.asp 等任意格式。因此，记事本可以作为程序语言的编辑器。

【例4.3】使用记事本建立一个比较简单的文档。

　　单击〝开始〞→〝所有程序〞→〝附件〞→〝记事本〞命令，打开如图4-36所示的〝记事本〞窗口。

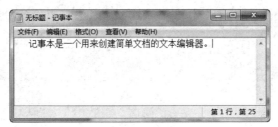

图 4-36　"记事本"窗口

（1）在"文件（F）"菜单中可以选择新建一个文件、打开现有的文件、保存文件、设置打印页面和打印文件等操作。

（2）在"编辑（E）"菜单中可以撤销对文本最后一次的操作，并可以对文本进行剪切、复制、粘贴、删除和全部选中等操作，还可以查找、替换指定的字符串。

（3）在"格式（O）"菜单中可以设置文本在输入过程中是否自动换行，并进行较简单的字体设置。记事本是以"行"为单位存储用户输入的文字的。如果用户未勾选"自动换行"命令，则当输入的文本超过窗口的宽度时，窗口会自动向左滚动，使所输入的内容保持在一行上，只有按 Enter 键时才产生换行。"字体"命令用来设置记事本文件的字体，可以对文本进行字体、字形和字号的设置。

试一试

打开记事本，使用搜狗拼音输入法或其他输入法，输入以下文字。

虚拟现实技术（VR）是一种可以创建和体验虚拟世界的计算机仿真系统，它利用计算机生成一种模拟环境，是一种多源信息融合、交互式的三维动态视景和实体行为的系统。

虚拟现实技术是仿真技术的一个重要方向，是仿真技术与计算机图形学、人机接口技术、多媒体技术、传感技术、网络技术等多种技术的集合，是一门富有挑战性的交叉技术的前沿学科和研究领域。虚拟现实技术主要包括模拟环境、感知、自然技能和传感设备等技术。模拟环境是由计算机生成的、实时动态的三维立体逼真图像。

相 关 知 识

Windows 写字板

Windows 系统提供了两个文字处理程序，记事本和写字板。每个程序都具备基本的文本编辑功能，但写字板的功能比记事本的功能更强。在写字板中，不仅可以创建和编辑简单的文本文档，而且还可以将信息从其他文档链接或嵌入到写字板文档。使用写字板建立或编辑的文件可以保存为文本文件、多信息文本文件、MS-DOS 文本文件或者 Unicode 文本文件。

启动写字板的操作方法是，单击"开始"→"所有程序"→"附件"→"写字板"命令，打开如图 4-37 所示的"写字板"窗口。

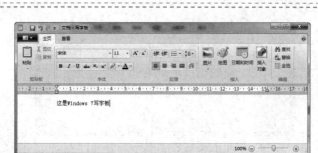

图 4-37   "写字板"窗口

Windows 7 提供的写字板具有全新的功能区，可使写字板更加简单易用，其选项均已展开显示，而不是隐藏在菜单中。它集中了最常用的功能，以便用户更加方便地访问它们，从而减少菜单查找操作。

写字板提供了更丰富的格式选项，如高亮显示、项目符号、换行符和其他文字颜色等。另外，写字板还提供了图片插入、增强的打印预览和缩放等功能，使得写字板成为用于创建基本文字处理文档的强大工具，有效地提高了工作效率。

思考与练习 4

一、填空题

1. 中文 Windows 7 系统中内置多种中文输入法，如_____、_____等，用户也可以安装使用其他汉字输入法，如_____、_____等。

2. 键盘中文输入法分为_____、_____、_____、_____和_____等类型。

3. 根据汉字国标码（GB2312—80）的规定，将汉字分为常用汉字（一级）和非常用汉字（二级）两级汉字，共收录了_____个常用汉字。其中，一级字库_____个汉字，按_____顺序排列；二级字库_____个汉字，按_____顺序排列。

4. 为了添加某个中文输入法，应在_____对话框的"常规"选项卡中进行设置。

5. 从语言栏上删除一种输入法后，可以再次通过_____对话框进行添加。

6. 设置中文输入法的快捷键，应该在"文本服务和输入语言"对话框的_____选项卡中进行设置。

7. 如果要安装字体，则可以在"控制面板"中通过打开_____窗口进行安装。

8. 在 Windows 7 操作系统中，使用_____键来启动或关闭中文输入法，还可以使用_____键在英文输入法及各种中文输入法之间进行切换。

9. 在 Windows 7 操作系统中，输入中文文档时，为了输入一些特殊符号，可以使用系统提供的_____。

10. _____是 Windows 7 操作系统内带的专门用于处理文本文件的应用程序。

11. _____是 Windows 7 操作系统内带的一个小型的文字处理软件，能够对文章进行简单的编辑和排版处理，还可以进行简单的图文混排。

二、选择题

1. 在 Windows 7 默认环境中，用于中英文输入方式切换的组合键是（   ）。

    A．Alt + 空格键   B．Shift + 空格键

    C．Alt + Tab 键   D．Ctrl + 空格键

2．在 Windows 7 默认状态下，进行全角和半角切换的组合键是（　　）。

    A．Alt+.   B．Shift+空格键

    C．Alt+空格键   D．Ctrl+.

3．汉字国标码（GB2312—80）把汉字分为（　　）等级。

    A．简化字和繁体字共两个   B．一级汉字、二级汉字，三级汉字共三个

    C．一级汉字、二级汉字共两个   D．常用字、次常用字、罕见字共三个

4．根据汉字国标码（GB2312—80）的规定，总计有一、二级汉字编码（　　）。

    A．7445 个   B．6763 个

    C．3008 个   D．3755 个

5．五笔字型码输入法属于（　　）。

    A．音码输入法   B．形码输入法

    C．音形结合的输入法   D．联想输入法

6．使用记事本软件保存文件时，默认的扩展名为（　　）。

    A．.docx   B．.exe   C．.txt   D．.mp3

7．以下输入法中属于 Windows 7 自带的输入法是（　　）。

    A．搜狗拼音输入法 B．QQ 拼音输入法 C．百度输入法 D．微软拼音输入法

8．在记事本中想把一个文本文件以另一个文件名保存，此时需要选择的菜单命令为（　　）。

    A．"文件"→"保存"   B．"文件"→"另存为"

    C．"编辑"→"保存"   D．"编辑"→"另存为"

三、简答题

1．键盘中文输入法有几种类型？分别有什么特点？

2．如何添加一种中文输入法？

3．如何在 Windows 7 中安装字体？

4．如何在 Windows 7 中安装和删除一种中文输入法？

5．简述使用剪贴板在记事本中移动和复制文本的方法。

四、操作题

1．使用记事本或写字板创建一个文档，输入下列文字，然后保存起来。

虹是光线以一定角度照在水滴上经过折射、分光、内反射、再折射等造成的大气光象，光线照射到雨滴后，在雨滴内会发生折射，各种颜色的光发生偏离。其中，紫色光的折射程度最大，红色光的折射程度最小，其他各色光的折射程度则介于两者之间。折射光线经雨滴反射后，再经过雨滴和大气折射到我们的眼里。由于空气中悬浮的雨滴很多，所以当我们仰望天空时，同一弧线上的雨滴所折射出的不同颜色的光线角度相同，于是我们就看到了内紫外红的彩色光带，即彩虹。

有时，在虹的外侧还能看到第二道虹，光彩比第一道虹稍淡，色序是外紫内红，称为副虹或霓。

2．试删除一种中文输入法，然后再添加该输入法。

3．试从 Internet 上下载一种汉字字体，如方正字体、长城字体、中国龙字体、QQ 字体等，安装到你的计算机上。

4．请安装 QQ 拼音输入法并将其设置为默认的输入法。

第 5 章 Internet 应用

学习任务

➤ 了解 Internet 的相关知识
➤ 掌握 IE 浏览器的使用方法
➤ 能够通过综合网站和专业搜索引擎检索和下载资料
➤ 能够申请电子邮箱、收发电子邮件
➤ 能够使用常用工具软件进行网上交流
➤ 能够对网络安全进行初步设置

网络的出现改变了人们使用计算机的方式。Internet 发展到现在，已成为一个全球性的计算机网络系统。Internet 由不同规模的计算机网络组成，利用 Internet，人们几乎可以获取他们需要的任何信息资源，并可以随时了解世界各地的新闻，同时还可以提供收发电子邮件、网上聊天、网上购物、在线游戏、电子商务、电子政务、远程控制等服务。Internet 市场具有巨大的发展潜力，它所带来的电子贸易正改变着当前商业活动的传统模式，其提供的方便而广泛的互连方式必将对未来社会生活的各个方面带来影响。

5.1 Internet 简介

问题与思考

☑ 你知道通过 Internet 能做哪些事情吗？
☑ 你知道网络中的网址各部分的含义是什么吗？

5.1.1 了解 Internet

Internet 是一个全球性的巨大的计算机网络体系，最初是由美国国防部资助的称为 Arpanet 的网络，现在由 Internet 替代。Internet 把全球数万个计算机网络，数千万台主机连接起来，包含了巨大的信息资源，向全世界用户提供信息服务。因此，Internet 不仅是一个庞大的计算机网络，更是一个庞大的信息资源库。从网络通信的角度来看，Internet 是一个以 TCP/IP 连接各个国家、地区及各个机构的计算机网络的数据通信网络。从信息资源的角度来看，Internet 是一个集各个领域的各种信息资源为一体，供网上用户共享的信息资源网络。当前还没有一个准确的定义来概括 Internet，但是这个定义应从通信协议、物理连接、资源共享、相互联系、相互通信等角度来综合加以考虑。

Internet 能够为用户提供的服务项目很多，包括高级浏览服务（WWW）、电子邮件（E-mail）、远程登录（Telnet）、文件传输（FTP）及其他服务。

5.1.2　Internet 相关概念

在使用 Internet 之前，需要对网络中常出现的主要概念加以了解。

1．WWW（万维网）

WWW 是环球信息网的缩写（亦作"Web""WWW""W3"，英文全称为"World Wide Web"），中文名字为"万维网""环球网"等，常简写为 Web，分为 Web 客户端和 Web 服务器端。WWW 可以允许 Web 客户端（常用浏览器）访问浏览 Web 服务器端上的页面，是一个由许多互相链接的超文本组成的系统，该系统可以通过互联网进行访问。在这个系统中，每个有用的事物均称为"资源"，并且由一个全局"统一资源标识符"（URI）标识，这些资源通过超文本传输协议（HyperText Transfer Protocol）传送给用户，而后者通过点击链接来获得资源。

万维网并不等同于互联网，万维网只是互联网所能提供的服务中的一个，是靠着互联网运行的一项服务。

2．TCP/IP

TCP/IP 是 Transmission Control Protocol/Internet Protocol 的简写，中译名为传输控制协议/因特网互联协议，又名网络通信协议，是 Internet 最基本的协议，以及 Internet 国际互联网络的基础，由网络层的 IP 和传输层的 TCP 组成。TCP/IP 定义了电子设备如何连入因特网，以及数据如何在它们之间传输的标准。该协议采用了四层的层级结构，每一层都呼叫它的下一层所提供的协议来完成自己的需求。通俗地讲，TCP 负责发现传输的问题，一有问题就发出信号，要求重新传输，直到所有数据安全、正确地传输到目的地；而 IP 负责给因特网的每台联网设备规定一个地址。

3．ISP 及 ICP

ISP（Internet Service Provider，互联网服务提供商），是向广大用户提供互联网接入业务、信息业务和增值业务的电信运营商。目前，中国大陆三大基础运营商为中国电信、中国移动和中国联通。

ICP（Internet Content Provider，互联网内容提供商），是向广大用户提供互联网信息业务和增值业务的电信运营商。ICP 同样是经国家主管部门批准的正式运营企业，享受国家法律保护，国内知名 ICP 有新浪、搜狐、网易、CNTV 及其他门户网站等。

4．IP 地址

IP 地址是指互联网协议地址（Internet Protocol Address，又译为网际协议地址），是 IP

Address 的缩写。IP 地址是 IP 提供的一种统一的地址格式，它为互联网上的每个网络和每台主机分配一个逻辑地址，以此来屏蔽物理地址的差异。IP 地址可确认网络中的任何一个网络和计算机，而要识别其他网络或其中的计算机，则是根据这些 IP 地址的分类来确定的。IP 地址是一个 32 位的二进制地址，为了便于记忆，将它们分为 4 段，每段 8 位，由小数点分开，用 4 字节来表示，中间用点（.）分开，用点分开的每字节的数值范围是 0～255。例如，15.1.102.158，202.32.137.3 等。IP 地址包括网络标识和主机标识两部分，根据网络规模和应用的不同，分为 A～E 五类，常用的有 A、B、C 三类。

这种分类与 IP 地址中第一字节的使用方法相关，如表 5-1 所示。

表 5-1　IP 地址分类和应用

分　类	第一字节数字范围	应　用	分　类	第一字节数字范围	应　用
A	1～127	大型网络	D	224～239	组播
B	128～191	中型网络	E	240～247	研究
C	192～223	小型网络			

A 类地址的表示范围为 1.0.0.1～126.255.255.254，默认网络屏蔽为 255.0.0.0。

B 类地址的表示范围为 128.0.0.1～191.255.255.254，默认网络屏蔽为 255.255.0.0。

C 类地址的表示范围为 192.0.0.1～223.255.255.254，默认网络屏蔽为 255.255.255.0。

D 类地址不区分网络地址和主机地址，它的第 1 字节的前 4 位固定为 1110。D 类地址范围为 224.0.0.1 到 239.255.255.254。

E 类地址保留给将来使用。

在实际应用中，可以根据具体情况选择使用 IP 地址的类型格式。A 类地址通常用于大型网络，可容纳的计算机数量最多；B 类地址通常用于中型网络；C 类地址可容纳的计算机数量较少，仅用于小型局域网。

IPv4 是 IP 的第四版，是第一个被广泛使用的协议，该协议构成了现今互联网技术的基石。IPv6 是由 IETF（Internet Engineering Task Force，互联网工程任务组）设计的，用于替代现行版本 IP（IPv4）的下一代 IP。

5．域名

域名（Domain Name），又称网域，是由一串用点分隔的名字组成的，Internet 上某台计算机或计算机组的名称，用于在数据传输时标识计算机的电子方位（有时也指地理位置）。

域名通常与 IP 地址相互对应，域名避免了 IP 地址难以记忆的问题。域名是分层管理的，层与层之间用点隔开。顶层域名也称顶级域名，从右侧依次向左是机构名、网络名、主机名。一般格式为 host.inst.fild.stat。其中，stat 是国别代码；fild 是网络分类代码；inst 是单位或子网代码，一般是其英文缩写；host 是主机或服务器代码。例如，电子工业出版社的 WWW 服务器的域名为 www.phei.com.cn。

Internet 上的域名系统（DNS）是一个分布式的数据库系统，它由域名空间、域名服务器和地址转换程序这三部分组成，其作用就是将域名翻译成 IP 地址，从而建立域名与 IP 地址的对应关系。

域名可分为不同级别，包括顶级域名、二级域名等。顶级域名又分为两类，一类是国家顶级域名，目前多数国家或地区都按照 ISO3166 国家代码分配顶级域名，如中国是 cn，美国是 us，日本是 jp 等；另一类是国际顶级域名（international Top-level Domain names，iTDs），如表示工商企业的 com，表示网络提供商的 net，表示非营利组织的 org 等。表 5-2 和表 5-3 是常见的顶级域名及其含义。

表 5-2 以机构区分的部分域名及其含义

域 名	含 义	域 名	含 义	域 名	含 义
com	商业机构	edu	教育机构	org	非营利性组织
mil	军事机构	net	公共网络	gov	政府机构
ac	学术机构	info	提供信息服务的企业	int	国际组织

表 5-3 以国别或地域区分的部分域名及其含义

域 名	含 义	域 名	含 义	域 名	含 义
ag	南极	es	西班牙	lu	卢森堡
ar	阿根廷	fr	法国	my	马来西亚
br	巴西	hk	中国香港	nz	新西兰
ca	加拿大	il	以色列	pt	葡萄牙
cn	中国	it	意大利	sg	新加坡
de	德国	jp	日本	tw	中国台湾
dk	丹麦	kr	韩国	uk	英国

另外，还有一些常见的我国国内域名，如 com.cn（商业机构）、net.cn（网络服务机构）、org.cn（非营利性组织）、gov.cn（政府机关）等。

域名并不是接入 Internet 的每台计算机所必需的，只有作为服务器的计算机才需要。在 Internet 上通过域名服务器将域名自动转换为 IP 地址。

6．URL 地址

URL 是 Uniform Resource Locator（统一资源定位器）的缩写。URL 是用于完整描述 Internet 上网页和其他资源的地址的一种标识方法。Internet 上的每个网页都具有一个唯一的名称标识，通常称为 URL 地址，这种地址既可以是本地磁盘，也可以是局域网上的某台计算机，更多的是 Internet 上的站点。简单地讲，URL 就是 Web 地址，俗称网址。例如，http://www.microsoft.com/ 为 Microsoft 公司网站的万维网 URL 地址。一个完整的 URL 地址包括协议名、域名或 IP 地址、资源存放路径、资源名称等内容，其一般语法格式为：

protocol://hostdname[:port/path/file]

（1）protocol 是属于 TCP/IP 的具体协议，包括 http、ftp、telnet、gopher、wais 等，[ ]内为可选项。

➢ **http://** 表示用 HTTP（HyperText Transfer Protocol）连接到 WWW 服务器。

➢ **ftp://** 表示用 FTP（File Transfer Protocol）连接到 FTP 服务器。

➢ **telnet://** 表示连接到一个支持 Telnet 远程登录的服务器上。

➤ **gopher:/** 表示请求一个 Gopher 服务器给予响应。

➤ **wais://** 表示请求一个 WAIS 服务器给予响应。

（2）port（端口）：对某些资源的访问，有时需给出相应的服务器端口号。

（3）path/file：路径名和文件名，用于指明服务器上某资源的位置，路径和文件名可以默认，在这种情况下，相应的默认文件就会被载入。

例如，http://www.qdtravel.com/fengqing/routes3.shtm 就是一个典型的 URL 地址。

如果要载入本机文件，则 URL 格式为：

file://driver:\path\file

例如，file://c:\作业\练习.doc。

想一想

（1）Internet 最基本的协议是什么？

（2）IP 地址分为哪几类？

（3）检查你在学校使用的计算机的 IP 地址是自动获取的，还是指定的？如果是指定的，那么 IP 地址是多少？相邻计算机的 IP 地址是否相同？

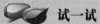**试一试**

连接网络后，应全面测试网络是否连通，测试应包括局域网和互联网两个方面，以下是在实际工作中利用命令行测试 TCP/IP 配置的步骤。

（1）单击"开始"→"所有程序"→"附件"→"运行"命令，弹出"运行"对话框，如图 5-1 所示，输入 cmd，单击"确定"按钮，打开命令提示符窗口。

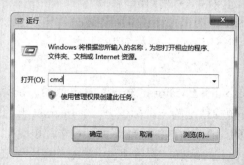

图 5-1 "运行"对话框

（2）输入命令 ipconfig/all，检查 IP 地址、子网掩码、默认网关、DNS 服务器地址是否正确，按 Enter 键。此时显示网络配置，观察显示结果。

（3）输入 ping 127.0.0.1，观察网卡是否能够转发数据，如果出现 Request timed out 等信息，则表明配置出错或网络有问题。

（4）ping 一个互联网地址，查看是否有数据包传回，以验证其与互联网的连接性。

相 关 知 识

Internet 的接入方式

Internet 接入是指通过特定的信息采集与共享的传输通道，利用电话线拨号接入等传输技术完成用户与 IP 广域网的高带宽、高速度的物理连接。接入 Internet 的方式很多，不同的用户可以有不同的选择。家庭用户可以通过宽带上网、无线上网或拨号上网方式与 Internet 连接；企事业单位一般通过自己的局域网上网，局域网的服务器与 Internet 连接，局域网中的计算机用户通过服务器上网。

1. ADSL 接入

在通过本地环路提供数字服务的技术中，最有效的类型是数字用户线（ADSL）技术，是目前运用最广泛的铜线接入方式。ADSL 可直接利用现有的电话线路，利用 ADSL Modem 进行数字信息传输，理论速率可达到 8Mbps 的下行和 1Mbps 的上行，传输距离可达 4～5 千米。ADSL2+ 速率可达 24Mbps 下行和 1Mbps 上行。另外，最新的 VDSL2 技术可以达到上下行各 100Mbps 的速率。ADSL 的特点是速率稳定、带宽独享、语音数据不干扰等，可满足家庭、个人等用户的大多数网络应用需求，适用于一些宽带业务，包括 IPTV、视频点播（VOD）、远程教学、可视电话、多媒体检索、LAN 互联、Internet 接入等。

2. 光纤宽带接入

光纤宽带接入是指通过光纤接入小区节点或楼道，再由网线连接各个共享点（一般不超过 100 米），提供一定区域的高速互联接入。光纤宽带接入的特点是速率高，抗干扰能力强，适用于家庭、个人或各类企事业团体，可以实现各类高速率的互联网应用（如视频服务、高速数据传输、远程交互等），缺点是一次性布线成本较高。

3. HFC

HFC 是一种基于有线电视网络铜线资源的接入方式，具有专线上网的连接特点，允许用户通过有线电视网实现高速接入互联网。HFC 适用于拥有有线电视网的家庭、个人或中小团体，其特点是速率较高，接入方式方便（通过有线电缆传输数据，不需要布线），可实现各类视频服务、高速下载等。HFC 的缺点是基于有线电视网络的架构是网络资源分享型的，当用户数量激增时，速率就会下降且不稳定，扩展性不够。

4. ISDN

ISDN 俗称"一线通"。ISDN 采用数字传输和数字交换技术，将电话、传真、数据、图像等多种业务综合在一个统一的数字网络中进行传输和处理。用户利用一条 ISDN 用户线路，可以在上网的同时拨打电话、收发传真，就像两条电话线一样。ISDN 基本速率接口包括两条 64Kbps 的信息通路和一条 16Kbps 的信令通路，简称 2B+D，当有电话拨入时，它会自动释放一个 B 信道来进行电话接听。ISDN 主要适合于普通家庭用户，缺点是速率仍然较低，无法实现一些高速率要求的网络服务，且费用同样较高（接入费用由电话通信费和网络使用费组成）。

5. 电话线拨号接入（PSTN）

电话线拨号接入是家庭用户接入互联网的普遍的窄带接入方式，即通过电话线，利用当地运营商提供的接入号码，拨号接入互联网，速率不超过 56Kbps。电话线拨号接入的特点是使用方便，只需要有效的电话线及自带调制解调器（Modem）的 PC 就可完成接入。

6. 无线网络

无线网络（Wireless Network）是采用无线通信技术实现的网络。无线网络既包括允许用户建立远距离无线连接的全球语音和数据网络，也包括为近距离无线连接进行优化的红外线技术及射频技术。无线网络的用途与有线网络的用途十分类似，二者最大的区别在于传输媒介的不同。利用无线电技术取代网线，可以和有线网络互为备份。

主流的无线网络分为通过公众移动通信网实现的无线网络（如 4G、3G 或 GPRS）和无线局域网（Wi-Fi）两种方式。常见的无线局域网设备有无线网卡、无线网桥、无线天线等。蓝牙（Bluetooth）是一种无线技术标准，可实现固定设备、移动设备和楼宇个人局域网之间的短距离数据交换。Wi-Fi 是一种允许电子设备连接无线局域网（WLAN）的技术，无线局域网通常是有密码保护的，但也可是开放的，这样就允许任何在 WLAN 范围内的设备连接。

无线网络存在巨大的安全隐患，公共场所的免费 Wi-Fi 热点有可能是"钓鱼陷阱"，而家里的路由器也可能被恶意攻击者轻松攻破。网民在毫不知情的情况下，就可能出现个人敏感信息遭盗取，或者访问钓鱼网站等情况，有可能造成直接的经济损失。

5.2　浏览器的使用

- ☑　你知道上网使用的浏览器是什么吗？
- ☑　如何将你当前浏览的网页网址保存起来，以便下次能够方便快捷地找到并打开？

浏览器是经常使用到的客户端程序。当前，Windows 操作系统中使用最广泛的浏览器是微软公司的 Internet Explorer（简称 IE）。除此之外，还有很多浏览器，常见的网页浏览器有 QQ 浏览器、Firefox、Safari、Opera、Google Chrome、百度浏览器、搜狗浏览器、猎豹浏览器、360 浏览器、UC 浏览器、傲游浏览器、世界之窗浏览器等。下面以 Internet Explorer 为例介绍浏览器的使用方法。

5.2.1　浏览网页

当计算机连入 Internet 后，单击桌面上的 Internet Explorer 图标，快速打开 IE 浏览器窗口，在地址栏输入一个 URL 地址，如 http://www.phei.com.cn，按 Enter 键后，即可进入该网站，如图 5-2 所示。

图 5-2　IE 浏览器窗口

　　IE 浏览器窗口的结构与 Windows 系统中的其他窗口界面类似，包括标题栏、菜单栏、工具栏、命令栏、状态栏等，与其他窗口不同的是它还有地址栏和收藏夹栏。地址栏可供用户输入需要访问站点的网址，收藏夹栏可使用户方便快捷地访问自己经常访问的网站。

　　如果想访问某个站点，只知道它的中文名字，而不知道它的具体地址，则可以直接在地址栏输入中文名字，然后按 Enter 键，同样可以打开该站点。

> **提示**
>
> 　　如果曾经在地址栏中输入过某个 URL 地址，那么，当用户再次输入该 URL 地址的前几个字符时，浏览器就会自动在地址栏中将曾经输入过的与前面部分相同的所有 URL 地址全部显示在下拉列表中。如果想进入某个网站，则直接单击即可。

　　在 Web 页面中，将鼠标移动到一些文字上，鼠标的光标会变为手形，而且文字颜色发生变化，或者文字加了下画线，这些称为超链接。单击超链接会打开一个新的 Web 页面。

　　IE 浏览器的地址栏是一个下拉列表，也是一个文本输入框。单击地址栏右侧的▼按钮，会显示以前输入过的 URL 地址，它们被保存在 IE 的浏览记录中。

　　在浏览网页过程中，可以通过浏览器地址栏中的导航按钮，享受网上"冲浪"。

> ➤ **"后退"按钮**（⬅）：使用该按钮，可以返回上一个网页。在第一次打开浏览器时，该按钮不能使用，在访问了几个网页之后，该按钮即可使用。
>
> ➤ **"前进"按钮**（➡）：使用该按钮，可以返回单击"后退"按钮前的网页。在第一次打开浏览器时，该按钮不能使用。
>
> ➤ **"停止"按钮**（✕）：在浏览网页时，可能会因为线路故障或服务器繁忙等原因，导致网页不能访问，这时，可以单击"停止"按钮来停止对该网页的载入。
>
> ➤ **"刷新"按钮**（↻）：有的网页内容更新非常快，使用"刷新"按钮，可以及时阅读新信息。

> ➤ "主页"按钮（🏠）：在浏览网页过程中，单击"主页"按钮，可以返回打开浏览器时的起始页面。
> ➤ "收藏"按钮（⭐）：利用"收藏"按钮可以查看收藏夹、源、历史记录，也可以保存当前网页地址。
> ➤ "工具"按钮（⚙）：利用"工具"按钮可以打开工具菜单，也可以对网页进行打印、网站安全设置、Internet 选项设置等操作。

5.2.2 设置主页

在启动 IE 浏览器时，将打开默认的主页。在安装 Windows 7 后，默认主页是微软公司官方网站，为了使浏览 Internet 更加方便、快捷，用户可以将经常访问的站点设置为默认主页。

【例 5.1】将经常打开的网站设置为默认的打开网站，如设置 http://www.phei.com.cn 为默认网站。

(1) 打开 IE 浏览器，执行"工具"菜单中的"Internet 选项"命令，弹出"Internet 选项"对话框，如图 5-3 所示。

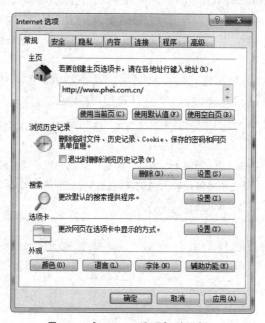

图 5-3 "Internet 选项"对话框

(2) 选择"常规"选项卡，在"主页"地址文本框中输入用户想要设置的默认主页地址，如 http://www.phei.com.cn，单击"确定"按钮，完成对默认主页的设置。

这样，在以后打开浏览器时，就会直接显示用户设置的默认主页。

5.2.3 收藏网页

用户可以保存喜欢的网页的地址，以后访问这些网页时，不必输入网址就能快速打开这些网页。

如果网页已添加到收藏夹，那么以后可以直接从收藏夹中选择要打开的网页，操作方法如下。

（1）打开要添加到收藏夹列表的网页，单击工具栏"收藏夹"菜单中的"添加到收藏夹"命令，弹出"添加收藏"对话框，如图 5-4 所示。

（2）将网页添加到指定的文件夹中，在"创建位置（R）"下拉列表中选择要添加的文件夹，或单击"新建文件夹（E）"按钮，弹出"创建文件夹"对话框，如图 5-5 所示，创建一个新的文件夹，这样可以对网页分门别类地收藏存放。

图 5-4 "添加收藏"对话框   图 5-5 "创建文件夹"对话框

（3）单击"添加（A）"按钮。

如果要打开已收藏的网页，则可以在收藏夹列表中选择要打开的网页。例如，打开已收藏的"央视网"，如图 5-6 所示。

图 5-6 从收藏夹列表中选择网页

5.2.4 打印与保存网页信息

1. 打印网页

打印当前浏览的页面的方法与 Windows 7 系统中打印其他文档的方法相同，单击工具栏"文件"菜单中的"打印"命令，可以对网页进行打印。打印网页前，也可以首先通过"文件"菜单进行页面设置或打印预览。

2. 保存网页信息

用户可以保存当前网页或网页上的文本或图片等内容。

（1）保存网页。保存当前网页的操作步骤如下。

① 单击"文件"菜单中的"另存为"命令，弹出"保存网页"对话框，如图 5-7 所示。

② 选择用于保存网页的文件夹和文件名，在"保存类型（T）"列表框中选择文件类型。

图 5-7 "保存网页"对话框

> **网页，全部**：保存该网页的全部内容，包括图像、框架和样式表等。该选项将按原始格式保存所有文件，只有当前页才被保存，可以脱机查看网页内容。

> **Web 档案，单个文件**：把网页的信息保存在一个 mht 文件中，该选项更适合保存一个页面。

> **网页，仅 HTML**：以 html 格式保存网页信息，但不保存音频、视频等文件。

> **文本文件**：以纯文本格式保存网页信息。

（2）保存网页中的文本或图片。浏览网页时，可以将网页的全部或部分内容（文本、图片或超链接）保存起来。保存的操作方法是，右击要保存的对象，在弹出的快捷菜单中选择相应的保存命令。分别右击选中的文本、图片和超链接，出现的快捷菜单分别如图 5-8、图 5-9 和图 5-10 所示。

图 5-8 文本快捷菜单

图 5-9 图片快捷菜单

图 5-10 超链接快捷菜单

部分选项的含义如下。

➢ **复制**：将在网页中选中的文本、图片等进行复制，以便在其他文档中使用，如在打开的 Word 文档中进行粘贴操作。

➢ **图片另存为**：将网页中的图片单独保存起来。

➢ **设置为背景**：将网页中的图片作为主题用作桌面背景。

➢ **打开**：打开链接的网页。

如果要使用网页上的文本内容，则简单的办法是对文本内容进行选取、复制的操作，然后粘贴到 Word 文档、记事本，如图 5-11 所示。

图 5-11　选中要复制的文本

如果要发送网页内容，则可以在"文件"菜单中选择"发送"，然后单击"电子邮件页面"或"电子邮件链接"命令，在邮件窗口中填写相关内容，再将邮件发送出去。

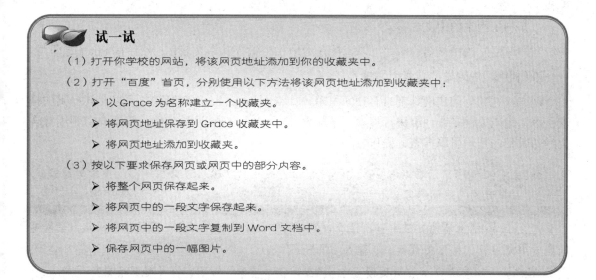

试一试

（1）打开你学校的网站，将该网页地址添加到你的收藏夹中。

（2）打开"百度"首页，分别使用以下方法将该网页地址添加到收藏夹中：

　➢ 以 Grace 为名称建立一个收藏夹。

　➢ 将网页地址保存到 Grace 收藏夹中。

　➢ 将网页地址添加到收藏夹。

（3）按以下要求保存网页或网页中的部分内容。

　➢ 将整个网页保存起来。

　➢ 将网页中的一段文字保存起来。

　➢ 将网页中的一段文字复制到 Word 文档中。

　➢ 保存网页中的一幅图片。

5.3　网上搜索

问题与思考

☑　如何上网搜索你所需要的资料？

☑　搜索到资料后如何下载？

☑　如何从网上下载应用软件？

Internet 上提供了丰富的资源，用户可以通过门户网站上的搜索引擎或专业的搜索网站查找需要的资料。如果要搜索需要的资料，则可以通过专业网站上的目录列表或选择利用搜索引擎，输入资料的关键词进行查找，找到资料后可以对其进行浏览、保存或下载。

5.3.1　资料搜索

随着 Internet 的发展，Web 网站越来越多，信息量剧增。用户希望能够以最快捷的方式搜索到自己所需要的信息。以下提供几种搜索资料的方法。

1．利用地址栏

（1）利用网站的 URL 地址。

当知道某个网站的 URL 地址时，可以直接在地址栏中输入其 URL 地址，然后按 Enter 键即可。

（2）利用网站的中文名称。

当知道网站的中文名称时，可以直接在地址栏中输入其中文名称，然后按 Enter 键即可。

2．利用门户网站的搜索引擎搜索

现在，大部分门户网站都带有搜索引擎，如 www.sohu.com（搜狐），可以在其提供的搜索引擎中输入关键字或词组进行搜索。下面以 www.sohu.com 网站为例，简要介绍利用综合类网站所带的搜索引擎搜索的操作方法。

【例 5.2】在搜狐门户网站输入要搜索的内容的关键字（如输入"世界杯"），搜索与该关键字有关的网站内容。

（1）在 IE 浏览器地址栏中输入搜狐网址：http://www.sohu.com/，打开搜狐网站，在网站的搜索引擎中输入搜索关键字，如输入"世界杯"。

（2）输入搜索关键字后直接按 Enter 键或单击"搜索"按钮，打开搜索结果网页列表。

（3）搜索结果网页的左上角列出了找到相关网页的数量，单击不同的条目选项，可以查看与关键字"世界杯"相关的内容，搜索结果如图 5-12 所示。

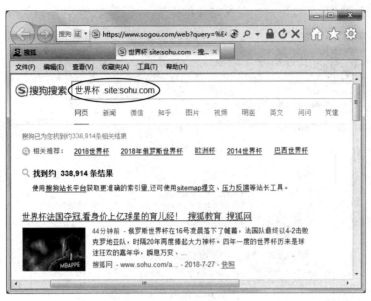

图 5-12 网站的搜索结果

3．利用搜索引擎网站搜索资料

搜索引擎是指根据一定的策略，运用特定的计算机程序搜集互联网上的信息，在对信息进行组织和处理后，为用户提供检索服务的系统。搜索引擎包括全文索引、目录索引、元搜索引擎、垂直搜索引擎、集合式搜索引擎、门户搜索引擎与免费链接列表等。目前常用的搜索引擎有 Baidu、Sogou（搜狗）、SOSO（搜搜）、360、微软 Bing 等，下面以百度（Baidu）为例，介绍专业搜索引擎网站搜索资料的方法。

（1）打开 IE 浏览器，在地址栏输入 http://www.baidu.com/，打开百度搜索引擎，如图 5-13 所示。

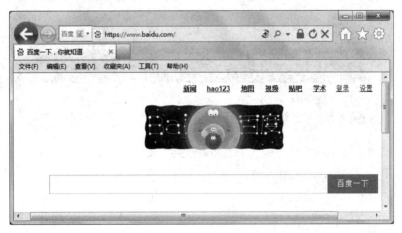

图 5-13 百度搜索引擎

（2）搜索的资料可以分为网页、视频、贴吧、新闻、知道、文库、音乐、图片、地图等。例如，如果要搜索软件下载网站，则在搜索框中输入关键字"软件下载"，按 Enter 键或单击"百度一下"按钮，搜索结果如图 5-14 所示。

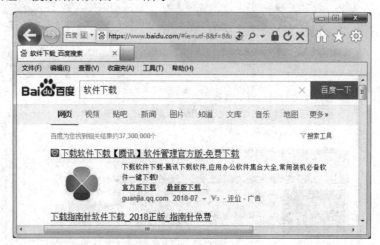

图 5-14　百度搜索结果

（3）在搜索结果中列出了相关的网站链接和简介，通过拖曳垂直滚动条，可以看到下面的搜索结果分页。如果搜索列表很多，且当前页没有适合的搜索结果，则可以通过网页下方的"下一页"或切换到指定的页面进行浏览。网页下方还给出了与搜索内容相关的搜索选项，用户可以单击要搜索的选项进行搜索。

（4）单击要查找的网站（如太平洋下载中心网站），打开该网站主页，如图 5-15 所示，根据网站上的软件分类，可以进一步查找需要的内容。

图 5-15　太平洋下载中心网站主页

相 关 知 识

常用的中文搜索引擎

搜索引擎包括全文索引、目录索引、元搜索引擎、垂直搜索引擎、集合式搜索引擎、门户搜索引擎与免费链接列表等。常用的中文搜索引擎如下。

(1) 百度：http://www.baidu.com

(2) 新浪搜索：search.sina.com.cn

(3) 搜狗搜索：http://www.sogou.com/

(4) 360 搜索：http://www.so.com

(5) 微软 Bing 搜索：http://cn.bing.com

(6) SOSO（搜搜）：http://www.soso.com

(7) 有道搜索：http://www.yodao.com

(8) 中国搜索：http://www.chinaso.com/

5.3.2 网上下载

1. 从网站上下载

有些资料或软件以压缩文件的形式存放在网站上，需要时必须下载才能使用。网站上通常都有下载链接，单击该链接，指定存放目录路径，即可将资料下载到自己的计算机中。

【例 5.3】 从专业网站（如 "太平洋下载中心网站：http://dl.pconline.com.cn/"）下载聊天工具软件。

(1) 打开太平洋下载中心网站 http://dl.pconline.com.cn/，在 "软件分类" 的 "网络工具" 列表中选择 "聊天工具"，打开聊天工具软件列表，如图 5-16 所示。

图 5-16　聊天工具软件列表

(2) 选择要下载的聊天工具，如〝微信电脑版 2.6.3.68 官方版〞并单击该链接，打开下载该软件的下载窗口，如图 5-17 所示。

图 5-17　下载窗口

(3) 下载窗口中往往有很多〝立即下载〞等按钮或链接，但这些都不是我们所需要的。不要随便单击无用的链接，否则会打开许多广告窗口，或者下载很多无用的内容。单击〝本地下载〞或〝高速下载〞链接后出现下载地址列表窗口。

(4) 单击一个下载链接，弹出下载提示信息对话框，如图 5-18 所示。

图 5-18　下载提示信息对话框

(5) 确认后单击〝保存 (S)〞下拉列表，选择〝另存为〞，打开〝另存为〞对话框，选择存放路径，文件将会下载到指定的位置。

(6) 下载结束后，运行下载的文件，安装该聊天工具软件。

2．使用下载工具下载

如果计算机中安装有下载工具，如迅雷、腾讯 QQ 旋风、比特精灵、百度云等工具，则可以在网站提供的下载的链接处单击右键，在弹出的快捷菜单中选择相应的下载工具进行下载。例如，如果计算机已安装"迅雷"下载工具，则可使用该工具下载"微信电脑版"，下载方法如下。

（1）在如图 5-17 所示的下载窗口中，右击要下载的链接，从快捷菜单中选择"使用迅雷下载"，弹出"新建任务"对话框，如图 5-19 所示。

图 5-19　"新建任务"对话框

（2）确定保存路径后，单击"立即下载"按钮，打开迅雷下载窗口开始下载，下载结束后，就可以运行"微信电脑版"文件进行安装。

提示

常用的下载工具很多，并且各具特点，主要下载工具有迅雷、比特彗星（BitComet）、比特精灵（BitSpirit）、电驴、魔爪等。

试一试

（1）在百度（http://www.baidu.com）上搜索一首你喜欢的歌曲，并保存到你的计算机上。

（2）使用 360 搜索引擎（http://www.so.com）搜索"计算机等级考试"网站，查找并下载"全国计算机等级考试一级 MS Office 考试大纲"最新版。

（3）从网站上下载"美图秀秀"工具软件。

5.4　收发电子邮件

问题与思考

☑ 你有哪些电子邮箱？你是如何申请电子邮箱的？

☑ 如何通过门户网站收发电子邮件？

电子邮件（E-mail）服务是 Internet 的一项主要功能，是 Internet 上应用最广泛的服务。电子邮件以其传递速度快、可达范围广、功能强大和使用方便等优点迅速成为网上用户的主要通信手段。本节将介绍如何申请电子邮箱及收发电子邮件的方法。

5.4.1　申请电子邮箱

收发电子邮件之前需要首先申请一个电子邮箱，并为自己的邮箱设置密码。电子邮箱地址的格式是：用户名@电子邮件服务器名。例如，qdwei7788@163.com。电子邮箱地址由用户名、@（读作 at）分隔符和电子邮件服务器三部分组成。用户名一般由字母、数字等组成，字母不区分大小写。目前，Internet 上提供免费邮箱服务的 ISP 非常多，有些综合网站提供免费电子邮箱服务，如网易、新浪、搜狐等。

【例5.4】 如果你还没有电子邮箱，则可以在门户网站上申请一个电子邮箱，如在 163 网站申请一个免费电子邮箱。

(1) 在 IE 浏览器地址栏中输入 http://www.163.com/，登录网易主页，单击〝登录〞按钮，或输入 http://mail.163.com/，打开网易邮箱首页，如图 5-20 所示。

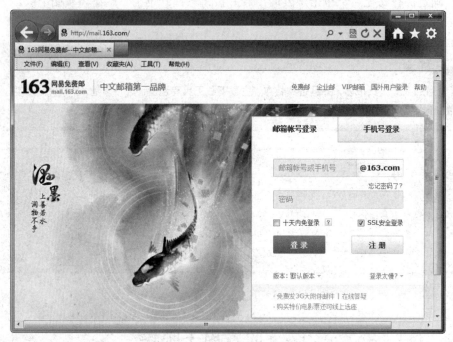

图 5-20　网易邮箱首页

(2) 单击〝注册〞链接，出现注册邮箱页面，根据要求填写电子邮箱地址（用户名）及密码等信息，如图 5-21 所示。

(3) 输入电子邮箱地址后，在下面直接显示该地址是否被注册占用，如果已经被抢注，则需要更换一个。如果该地址未被占用，则可继续填写登录密码、验证码信息。填写完毕后单击〝注册〞按钮，出现邮箱注册成功信息，如图 5-22 所示。

(4) 输入手机号码，获得验证码，可以获得更好的邮箱服务。

至此，已经申请了 163 免费电子邮箱，可以使用该邮箱收发电子邮件了，但要记住申请的邮箱地址和密码。

图 5-21　填写用户名及密码

图 5-22　163 免费邮箱申请成功

　提示

为节省网络资源，不要随意在网站上申请多个电子邮箱，以免造成资源浪费。

5.4.2　发送与接收电子邮件

1. 登录电子邮箱

申请免费电子邮箱后，需要首先登录才可以使用这个邮箱，下面介绍使用 IE 浏览器登录免费电子邮箱的方法。

（1）打开 IE 浏览器，在地址栏输入网址 http://www.163.com/，按回车键打开网易首页。

（2）鼠标指针单击页面右上角的"登录"链接，弹出"登录"信息对话框，在该对话框相应位置输入邮箱地址和密码，如图 5-23 所示，单击"登录"按钮，即可登录自己的邮箱。

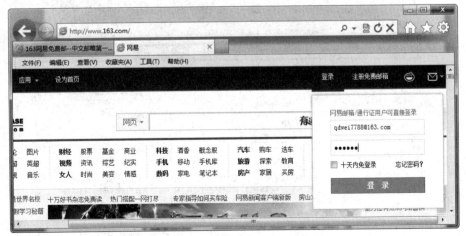

图 5-23　登录 163 免费邮箱

2．撰写和发送电子邮件

登录电子邮箱后，可以使用 IE 浏览器收发电子邮件。下面以 163 免费电子邮箱为例介绍使用方法。

【例 5.5】使用自己的电子邮箱给同学或朋友发送一封邮件。

（1）进入网易免费电子邮箱对话框，在该对话框的相应位置输入邮箱地址和密码，单击＂登录＂按钮，进入如图 5-24 所示的 163 免费电子邮箱窗口。

图 5-24　163 免费电子邮箱窗口

（2）撰写邮件。单击窗口左侧的＂写信＂按钮，打开撰写邮件窗口，在＂发件人＂文本框中显示发件人的用户名和邮箱地址，在＂收件人＂文本框中输入收件人的邮箱地址，在＂主题＂文本框中输入邮件主题，在下面空白处输入信件内容，如图 5-25 所示。

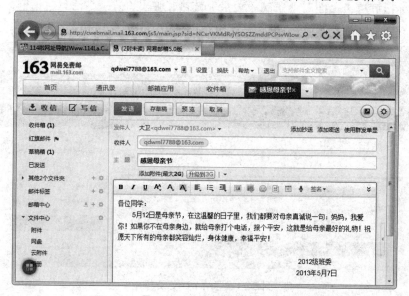

图 5-25　撰写邮件窗口

(3) 如果要把邮件同时发给多个人，则可以单击"发件人"后的"添加抄送"或"添加密送"按钮，输入抄送人或密送人的邮箱地址。抄送和密送的唯一区别是：抄送是收件人收到邮件时可以看到该邮件同时发送了哪些人（邮箱地址）；密送是收件人收到邮件时不知道该邮件还发给了哪些人。密送是一个很实用的功能，假如你一次向成百上千位收件人发送邮件，最好采用密送方式，这样可以保护每个收件人的地址不被其他人轻易获得。抄送或密送的多个电子邮件地址之间通常使用分号（半角）分隔。

如果想把一个文件随邮件一起发送给对方，则可单击"添加附件"按钮以添加附件文件，并可以多个附件一起发送。

(4) 邮件写完后，单击"发送"按钮可立刻将邮件发出，并在窗口中出现"邮件发送成功"提示信息。

如果短时间内写不完信件，则可单击"存草稿"按钮把邮件暂存到草稿箱，下次登录后，在草稿箱中双击该邮件主题，即可打开撰写邮件窗口继续编辑邮件。

3．接收电子邮件

在如图 5-24 所示的邮件窗口中，单击左侧的"收信"按钮，出现收件箱窗口，并显示尚未阅读的邮件，如图 5-26 所示。在收件箱文件夹中，选择一封邮件，单击该邮件主题可以打开这封邮件。如果邮件带有附件，则可以单击附件栏右侧的"下载附件"按钮，把附件下载到用户指定的本地计算机目录中。

图 5-26　收件箱窗口

4．回复邮件

接收到邮件后，一般都要给发送邮件的人进行回复，表示你已经收到邮件，或者写明对收到邮件内容的处理意见等。以 163 网易免费邮箱为例，在收到并打开邮件后，邮件窗口出现"回复"或"全部回复"按钮，单击"回复"按钮，打开撰写邮件窗口，便可撰写要回复的内容。主题文本框中在原来的主题前系统自动添加了"Re:"，表示这是一封回复的邮件，如图 5-27 所示，单击"发送"按钮，回复撰写的邮件。如果单击"全部回复"按钮，则将邮件回复给接收该邮件的所有人（包括抄送、密送对象）。

图 5-27　回复邮件

　　如果用户出差在外或临时不能接收邮件，出于对发件人的礼貌，当收到邮件时需及时告知对方用户已收到邮件，这时可以将邮箱设置为自动回复。以 163 网易免费邮箱为例，打开电子邮箱，单击邮箱地址右侧的"设置"按钮，打开邮箱设置窗口。

　　切换到"自动回复"窗口，选择"使用自动回复"单选按钮，在文本框中输入要自动回复的内容，最后单击"保存"按钮，如图 5-28 所示。设置后，每次收到邮件后，系统将自动回复已设置的内容。

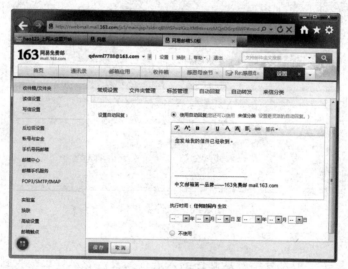

图 5-28　设置自动回复功能

5．转发邮件

　　打开收到的邮件后，可以把该邮件转发给其他人。操作方法是打开邮件，单击窗口中的"转发"按钮，在"收件人"文本框中输入要转发的收件人邮箱地址，系统在原"主题"前自动添加"Fw:"，在撰写邮件窗口可以撰写新的邮件内容，且原邮件出现在邮件窗口的下方，如图 5-29 所示。

在 163 网易等的撰写邮件窗口中，还可以把邮件作为原信或附件转发。

图 5-29 转发邮件

 提示

如果要删除已收到的邮件，则可以在收件箱窗口中打开或选择要删除的邮件，单击"删除"按钮，即可删除该邮件。

 试一试

（1）撰写一封电子邮件，并发给同学，通知对方你已经拥有了电子邮箱。

（2）撰写一封带有附件的电子邮件，如把一首歌曲作为附件，并发给自己和同学。

（3）接收同学发来的电子邮件，并将该邮件转发给其他同学。

（4）删除广告等垃圾邮件。

5.5 网上购物

 问题与思考

☑ 你知道常见的购物网站有哪些吗？

☑ 你通过网络购买过自己需要的物品吗？

网上购物已逐渐融入人们的生活中，在网上可以买到日常生活中的各种用品，由于这种购物方式方便快捷，价格相对较低，可提供较好的服务，所以已成为人们购物的新方式。网上购物方式与传统购物方式的区别包括挑选物品、主体身份、支付、验货等。

网上购物主要步骤包括：①选择购物平台（商城或网店）；②登录账号（若无，则需首先注册账号）；③挑选商品；④与买家协商交易事宜；⑤选择支付方式；⑥收货、验货；⑦付款；⑧评价。如果收到货后不满意，则可以选择退换货，甚至进行维权。

下面以淘宝网为例介绍网上购物的过程。

5.5.1 注册和登录

（1）注册淘宝网账户，打开"淘宝网"首页，单击"免费注册"按钮，按步骤填写注册信息，注册成功后就拥有一个账户的用户名和密码。注册后可以使用该账户登录"淘宝网"，如图 5-30 所示，还可下载在线聊天工具——淘宝旺旺。

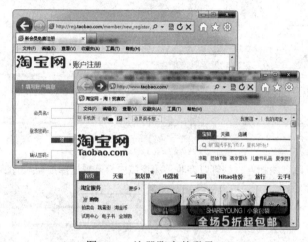

图 5-30　注册账户并登录

（2）注册支付宝账户（需要有一张已开通网上银行服务的银行卡），在支付宝账户中绑定银行卡，支付宝账户激活成功后，登录支付宝，设置支付宝账户相关信息。

5.5.2 购物

（1）登录淘宝网后，在首页按类别选择或直接搜索自己喜欢的商品。淘宝网会列出相关商品列表供买家选择喜欢的商品。买家可进入卖家店铺，查看卖家的信用度和好评率。信用度只能作为淘宝网购物时的参考，并不是说信用度低的就是不好的卖家，应综合考虑卖家信用、商品质量、价格、运费等因素。

（2）网购时不要直接拍下商品，应该按照页面上提供的联系方式（如旺旺、QQ、微信等），与淘宝卖家取得联系，确认是否有货和商品的品质等细节，还可以与卖家商谈优惠政策。

（3）确定要购买的商品后，单击商品展示页面的"立刻购买"按钮进行购买，如图 5-31所示。如果在打开淘宝网首页时未登录账户，这时系统会首先跳转到登录页面，登录后可以继续购买该商品。

（4）确认订单信息后（包括送货地址、收件人、商品的种类、价格等），单击"提交订单"按钮，登录支付宝确认付款到支付宝平台（该支付平台的支付过程是用户首先把货款汇入第三方账户，只有在收到货后，买家确认货品与商家承诺一致，支付宝平台才会把款项转入卖家账户）。

图 5-31　确定要购买的商品

 提示

如果买家要查看已买到的商品，则可以在淘宝网页面单击"我的淘宝"列表中的"已买到的宝贝"按钮，列表中将显示最近购买的商品，并显示已购买商品订单号、购买时间、物流情况等信息。

（5）当收到商品后，应及时查验商品是否与卖家所描述的信息相符合，最好当着快递员的面拆封并检查，如有损坏则可要求快递员承担责任。如果商品质量有问题，则可以要求卖家退货或更换。

5.5.3　付款和评价

收到商品后经检查无误再付款。付款时需要输入支付宝密码等信息，输入正确后，支付宝平台将该商品的钱款转入卖家账户，然后买家可就商品是否与卖家所描述的信息相符，卖家的服务态度，以及卖家的发货速度等信息进行评价，这有助于提高双方的信誉，也为其他人购物提供了参考。

网上购物时，买家要坚持一个原则——用支付宝付款或货到付款，不要直接汇款。在购买大宗商品或价格较高的商品时，要防止假货或上当。同时，买家要保管好自己的银行卡及密码、淘宝账户及密码、支付宝账户及密码等信息。

除淘宝网外，还可以在京东网、当当网上购买商品。

 **试一试**

（1）在淘宝网上购买自己需要的学习文具。

（2）在京东网或当当网上购买自己喜爱的图书。

5.6　Internet 的安全设置

☑　你是否想到要将某些网站设置为禁止打开？

☑　如何设置网站的安全级别？

☑　如何设置用户可以访问的站点和限制用户访问不良网站？

　　在 Internet 上可以浏览查看各种信息，为用户的工作、学习和生活带来了非常大的便利。但也有一些网站带有不良内容、计算机病毒等有害信息，这些将给用户的计算机造成损害。因此，用户应学会对 IE 浏览器进行安全设置，以便在网络中保护自己。

5.6.1　设置网站的安全级别

　　IE 浏览器按区域划分 Internet，以便用户将 Web 网站分配到具有适当安全级别的区域。目前，有 Internet 区域、本地 Intranet 区域、受信任的网站区域和受限制的网站区域共四种安全区域。用户可以自定义某个区域中的安全级别设置。

　　（1）打开 IE 浏览器，选择"工具"菜单中的"Internet 选项"命令，弹出"Internet 选项"对话框，选择"安全"选项卡，如图 5-32 所示。

　　（2）如果要更改所选区域的安全设置，则可以单击"自定义级别（C）…"按钮，弹出"安全设置-Internet 区域"对话框，如图 5-33 所示。

图 5-32　"安全"选项卡

图 5-33　"安全设置-Internet 区域"对话框

　　（3）在"设置"列表框中选择要进行安全设置的选项，在"重置自定义设置"选项组的"重置为（R）"下拉列表框中选择一种安全级别，单击"确定"按钮。

试一试

　　系统中的安全级别默认设置为"中-高"，如果设置得太低，则网页上的插件或恶意代码就会很随意地加载到本地计算机中，导致计算机中病毒。

　　用户可以将一些 Web 网站添加到受信任的站点区域或受限制的网站区域。方法是单击"受信任的站点"（或"受限制的站点"），再单击"站点"按钮，弹出相应的"受信任的站点"对话框，将受信任的 Web 网站添加到区域列表中，如 http://www.phei.com.cn/，如图 5-34所示。

图 5-34　添加受信任的站点

5.6.2　限制访问不良网站

　　Internet 提供了丰富的信息资源供用户访问。通常情况下，这些信息对每位用户都适合，但有些网站不适合未成年人浏览。IE 提供了分级审查功能，使用这些功能可以有效控制一些不适合的 Internet 内容。

1. 设置分级审查

　　设置分级审查功能的操作步骤如下。

　　（1）在"Internet 选项"的"内容"选项卡中，单击"启用（E）…"按钮，弹出"内容审查程序"对话框，如图 5-35 所示。

　　（2）选择列表中的某一类别，移动滑块以调整分级审查级别。对于限制的每种类别都应重复该过程，然后单击"确定"按钮。

　　（3）设置分级审查后，弹出如图 5-36 所示的"创建监护人密码"对话框。在该对话框中输入监护人的密码。设置密码的目的是为了防止其他人更改分级审查的设置。

　　（4）单击"确定"按钮。

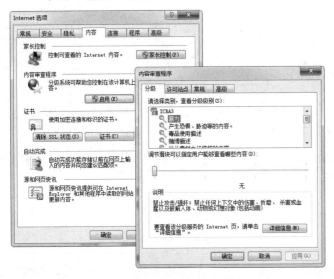

图 5-35　"内容审查程序"对话框

图 5-36　"创建监护人密码"对话框

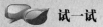 试一试

　　设置分级审查后，在打开网站时，总是提示输入分级审查口令。取消分级审查口令的操作是，在 Windows 7 桌面单击"开始"→"所有程序"→"附件"→"运行"命令，在出现的对话框中输入 Regedit，单击"确定"按钮，即可出现注册表编辑器窗口，然后再逐步打开 HKEY_LOCAL_MACHINE/SOFTWARE/Microsoft/Windows/CurrentVersion/Polices/Ratings，在"数值"列中有一个 key 主键，这就是设置的分级审查口令，直接将它删除即可。

2. 设置查看受限制内容

通过调整分级审查设置，可以允许他人查看受限制或未分级的内容。

（1）选择"Internet 选项"的"内容"选项卡，在"内容审查程序"区域单击"启用（E）…"按钮，打开"内容审查程序"对话框，选择一项级别内容，如图 5-35 所示。

（2）切换到"常规"选项卡，勾选"监护人可以键入密码允许用户查看受限制的内容（S）"复选框。如果允许他人查看未分级的站点，则勾选"用户可以查看未分级的网站（U）"复选框。

（3）单击"创建密码（C）"按钮，创建监护人的密码，如图 5-37 所示，最后单击"确定"按钮。

3. 设置许可网站

通过设置许可网站，可以禁止其他人访问未使用分级审查而且不适合的网站，指定其他人始终能够或始终不能查看的 Web 网站。

（1）选择"Internet 选项"的"内容"选项卡，在"内容审查程序"区域单击"启用（E）…"按钮，打开"内容审查程序"对话框，选择一项分级级别内容。

（2）切换到"许可站点"选项卡，输入 Web 站点的 Internet 地址（URL），单击右侧的"始终（W）"按钮或"从不（N）"按钮，确定是否要让其他人始终能够或始终不能够访问该网站，如图 5-38 所示。

图 5-37　创建监护人密码

图 5-38　设置许可或不许可访问网站

对每个需要设置许可访问或不许可访问的网站必须重复以上操作过程。

（3）单击"确定"按钮。

> **试一试**
>
> （1）设置查看受限制的内容。
>
> （2）将你学校的网站设置为许可网站。
>
> （3）将你认为对青少年成长不利的网站设置为不允许访问的网站。

相 关 知 识

微信软件简介

微信（WeChat）软件（以下简称"微信"）是腾讯公司于 2011 年初推出的一个为智能终端提供即时通信服务的免费应用程序，微信支持跨通信运营商、跨操作系统平台运行，并支持通过网络免费快速发送语音短信、视频、图片和文字。微信提供公众平台、朋友圈、消息推送等功能，用户可以通过"摇一摇""附近的人"及扫二维码方式添加好友和关注公众平台，并可将内容分享给好友及微信朋友圈。其基本功能如下。

> ➤ **聊天**：支持发送语音短信、视频、图片（包括表情）和文字，是一款聊天工具软件，支持多人群聊。
>
> ➤ **添加好友**：微信支持通过微信号和 QQ 号、手机通信录、分享微信号、摇一摇、二维码查找添加好友和漂流瓶接受好友等方式添加好友。
>
> ➤ **实时对讲机功能**：用户可以通过语音聊天室和一群人语音对讲，但与在群里发语音不同的是，这个聊天室的消息几乎是实时的，并且不会留下任何记录，在手机屏幕关闭的情况下也仍然可以进行实时聊天。
>
> ➤ **朋友圈**：用户可以在朋友圈发表文字和图片，同时可将文章或音乐分享到朋友圈。用户可以对好友新发布的照片进行"评论"或"点赞"，用户只能看到同为好友的评论或点赞。
>
> ➤ **游戏中心**：用户可以进入微信玩游戏（还可以和好友比积分），如"飞机大战"。
>
> ➤ **微信支付**：微信支付是指集成在微信客户端的支付功能，用户可以通过手机快速完成支付流程。微信支付以绑定银行卡的快捷支付为基础，为用户提供安全、快捷、高效的支付服务。
>
> ➤ **微信公众平台**：微信公众平台的内容主要包括实时交流、消息发送和素材管理。用户可以对公众账户的粉丝分组管理、实时交流，同时也可以使用高级功能——编辑模式和开发模式对用户信息进行自动回复。

微信可以在智能手机、计算机上使用，支持的系统有 iOS、Android 等，并提供多种语言界面。

思考与练习 5

一、填空题

1. Internet 能够为用户提供的服务项目很多，主要包括＿＿＿＿、＿＿＿＿、＿＿＿＿、＿＿＿＿及其他服务等。

2．万维网是 Internet 的重要组成部分，它遵循的协议是_____，默认端口是_____。

3．计算机网络中，通信双方必须共同遵守的规则或约定，称为_____。

4．Internet 最基本的通信协议是_____。

5．IP 地址根据网络规模和应用的不同，分为_____类，常用的有_____类。

6．Internet 中，IP 地址表示形式是彼此之间用圆点分隔的四个十进制数，每个十进制数的取值范围为_____。

7．一个完整的 URL 地址包括_____、域名或 IP 地址、资源存放路径、_____等内容。

8．在 Internet 上访问 Web 网站常用的 Web 浏览器是_____。

9．电子邮箱地址中，用户账号（又称用户名）与服务器域名之间用_____隔开。

10．WWW（简称 Web）中文名称为_____，英文全称为_____。

11．根据 Internet 的域名代码规定，域名中的.com 表示的是_____网站。

二、选择题

1．TCP/IP 的含义是（　　）。

    A．局域网的传输协议   B．拨号入网的传输协议

    C．传输控制协议和网际协议   D．OSI 协议集

2．根据 Internet 的域名代码规定，表示政府部门网站的域名是（　　）。

    A．.net   B．.com   C．.gov   D．.org

3．有一个域名为 xuexi.edu.cn，根据域名代码的规定，此域名表示的机构是（　　）。

    A．政府机关   B．商业组织   C．军事部门   D．教育机构

4．下列各项中，不能作为 Internet 的 IP 地址的是（　　）。

    A．202.96.12.14   B．202.196.72.140

    C．112.256.23.8   D．201.124.38.79

5．域名 wy.xuexi.edu.cn 中主机名是（　　）。

    A．wy   B．edu   C．cn   D．xuexi

6．统一资源定位器 URL 的格式是（　　）。

    A．协议://域名或 IP 地址/路径/文件名   B．协议://路径/文件名

    C．TCP/IP   D．http

7．Intranet 属于一种（　　）。

    A．企业内部网   B．广域网   C．计算机软件   D．国际性组织

8．正确的电子邮箱地址的格式是（　　）。

    A．用户名+计算机名+机构名+最高域名

    B．用户名+@+计算机名+机构名+最高域名

    C．计算机名+机构名+最高域名+用户名

    D．计算机名+@ +机构名+最高域名+用户名

9．下列各项中，可以作为电子邮箱地址的是（　　）。

    A．qdwy26@163.com   B．qdwy26#yahoo

    C．qdwy26.256.23.8   D．qdwy26&suho.com

10．电子邮箱地址中没有（　　）。

    A．用户名   B．邮箱的主机域名

    C．用户密码   D．@

11. 传输电子邮件是 Internet 应用最广泛的服务项目，通常采用的传输协议是（　　）。

    A．SMTP   B．TCP/IP

    C．CSMA/CD   D．IPX/SPX

12. 以下关于电子邮件说法错误的是（　　）。

    A．用户只要与 Internet 连接，就可以发送电子邮件

    B．电子邮件既可以在两个用户间交换，也可以向多个用户发送同一封邮件，或将收到的邮件转发给其他用户

    C．收发邮件必须有相应的软件支持

    D．用户可以通过邮件的方式在网上订阅电子杂志

13. IPv4 地址是（　　）位二进制数。

    A．64   B．32   C．16   D．8

14. TCP/IP 设置子网掩码 255.255.255.0，该网络属于（　　）网络。

    A．B 类   B．C 类   C．D 类   D．A 类

三、简答题

1. Internet 和 Intranet 有什么不同？

2. ISP 的含义是什么？

3. 什么是脱机浏览？

4. 如何保存当前网页的内容？

5. 如何保存网页中的一幅图片？

6. 你所知道的专业搜索引擎网站有哪些？

7. 在 Internet 选项中如何设置查看受限制内容？

8. 如何接收和发送电子邮件？

9. 简述网上购物的主要步骤。

10. 如何取消 IE 的分级审查功能？

11. 网站与网页有什么区别？

12. 什么是超文本标识语言 HTML？

四、操作题

1. 从 Internet 搜索关于奥运会中有关乒乓球比赛的图片资料，下载 3～5 幅相关图片并保存到磁盘上。

2. 从网上搜索一篇关于如何学习游泳的资料，保存到 Word 文档中。

3. 通过百度网站搜索并试听一首歌曲。

4. 选择一个 ISP，申请一个免费的电子邮箱，并向另一位同学发送一封电子邮件。

5. 使用 QQ 聊天工具软件给同学传送一组照片。

6. 建立 QQ 空间，并上传自己的照片、撰写日记。

7. 使用腾讯微云网盘传输和存放文件。

8. 将自己的照片资料使用腾讯微云网盘进行存放。

9. 将腾讯微云网盘中的资料在另一台计算机上进行下载。

10. 设置限制访问不良网站。

11. 将你学校网站设置为默认的打开网站。

12. 请申请一个电子邮箱，并给自己的好友发送一封电子邮件。

第 6 章 Windows 7 工具软件的使用

学习任务

➤ 能够使用画图工具软件绘制较简单的图形
➤ 能够使用画图工具软件处理图片
➤ 能够使用截图工具软件截取图形
➤ 能够使用"Windows Live 照片库"图像处理软件浏览和编辑图片
➤ 能够使用"Windows Media Player"工具软件播放常见的音视频文件
➤ 能够根据提供的素材制作较简单的影音文件

Windows 7 为用户提供了多种工具软件，包括画图工具软件、截图工具软件、Windows Live 照片库、Windows Media Play 多媒体播放器、Windows Live 影音制作等，为用户使用计算机进行工作和学习提供了便利。

6.1 画图工具软件

问题与思考

☑ 你是否经常对照片进行处理？如果是，则使用什么工具软件？
☑ 如何快速获取屏幕图像或其中的一部分图像？

画图工具软件是一个位图编辑工具软件，有很强的图形绘制和编辑功能，可以编辑或绘制各种类型的位图文件。使用画图工具软件不仅可以绘制出各种多边形、曲线、圆形等标准图形，还可以处理图片，查看和编辑扫描好的照片，既可以将画图中的图片粘贴到其他文档中，也可以将该图片用作桌面背景，还可以在图片中插入文本，并进行剪切、粘贴、旋转等操作，甚至还可以使用画图工具软件以电子邮件形式发送图片，以及使用不同的文件格式保存图像文件。

启动画图工具软件的操作方法是，执行"开始"→"所有程序"→"附件"→"画图"命令，打开如图 6-1 所示的"画图"窗口，窗口中的空白区域又称画布。

另一种方法是，在 Windows 7 "运行"对话框中，输入 mspaint（画图命令），如图 6-2 所示，单击"确定"按钮，即可打开如图 6-1 所示的"画图"窗口。

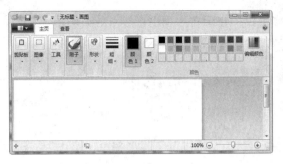

图6-1　"画图"窗口

图6-2　输入画图命令

启动画图工具软件后，可以发挥自己的创造力，结合画图工具软件中提供的各种绘图功能绘制出自己想要的图形。

 提示

位图图像（bitmap），亦称点阵图像或绘制图像，是由称作像素（图片元素）的单个点组成的。利用画图工具软件，可对这些点进行不同的排列和染色以构成图样。当放大位图图像时，可以看到构成整个图像的无数单个方块。扩大位图图像尺寸的效果是使单个像素增大，从而会使线条和形状显得参差不齐。

6.1.1　绘制图形

画图工具软件是一个位图编辑器，可以对各种位图格式的图像进行编辑，用户可以自己绘制图像，并在绘制或编辑完成后，以 BMP、JPG、GIF 等格式保存。

1．绘制直线

（1）打开"画图"窗口，在窗口的功能区中切换到"主页"选项卡，单击"形状"选项组的向下箭头，在弹出的"形状"选项组中选择则"直线"工具。

（2）单击"粗细"选项组的向下箭头，在弹出的选项组中选择直线的宽度，如图6-3所示。

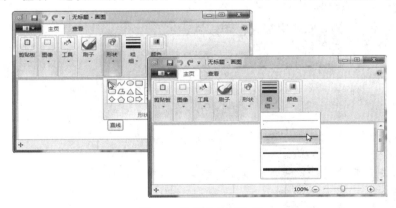

图6-3　选择直线的宽度

（3）在"颜色"选项组中选择"颜色1"，从右侧的颜色中选择一种颜色（默认为黑色），也可以单击"颜色"选项组的向下箭头，从打开的"编辑颜色"对话框中选择一种基本颜色。

（4）设置完成后便可按住鼠标左键并拖曳鼠标在画布中画出直线，效果如图6-4所示。

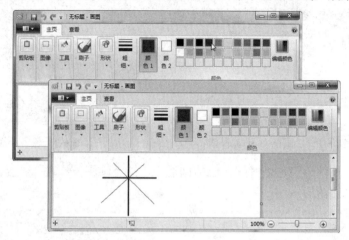

图6-4　绘制的直线

　提示

　　在绘制形状时，如果使用鼠标左键绘制，则使用的是"颜色 1"的颜色；如果使用鼠标右键绘制形状，则使用的是"颜色 2"的颜色。

2．绘制椭圆和圆

（1）在功能区中切换到"主页"选项卡，单击"形状"向下箭头，选择"椭圆形"工具。

（2）分别在"颜色"选项卡中设置"颜色 1"为红色，"颜色 2"为绿色，在画布上绘制椭圆。

（3）单击"形状轮廓"选项，在下拉列表中选择一种轮廓，如选择"水彩"。

（4）单击"形状填充"选项，在下拉列表中选择一种填充方案，然后在画布中按住鼠标左键并拖曳鼠标，可以绘制不同的椭圆，如图6-5所示。

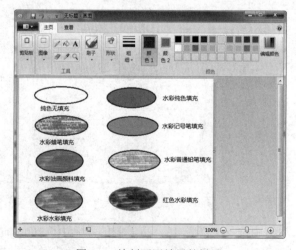

图6-5　绘制不同效果的椭圆

如果要绘制圆形，则选择"椭圆形"工具，按住 Shift 键拖曳鼠标，即可绘制出圆形。用同样的方法，可以通过选择"矩形"工具绘制出正方形。

【例 6.1】使用 Windows 7 中的画图工具软件，绘制一幅小鸭戏水的图片。

(1) 打开画图工具软件，单击画布，通过调整画布控点，调整画布大小。

(2) 在"工具"选项卡中选择小桶形状的颜色填充工具，选择"颜色 2"，在颜色盒中选取青绿色，在画布上单击，喷成青绿色背景。

(3) 在"形状"选项卡中选择"椭圆形"工具，选择"颜色 1"，在颜色盒中选择黑色，在画布上画两个椭圆，分别作为小鸭的头和身子，效果如图 6-6 所示。

(4) 选择小桶形状的颜色填充工具，选择"颜色 1"，在颜色盒中选择黄色，在两个椭圆形中分别单击，喷上黄色。

(5) 选择"椭圆形"工具，再选择"颜色 1"为黑色，分别画两个小圆，喷上黑色作为小鸭的眼睛，效果如图 6-7 所示。

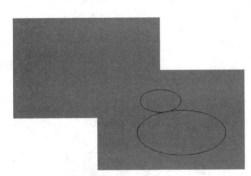
图 6-6　绘制小鸭的头和身子

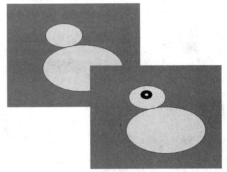
图 6-7　填充颜色并绘制小鸭的眼睛

(6) 选择"直线"工具，画小鸭的嘴巴并填充黄色，再用"铅笔"画水波。

(7) 单击"工具"选项卡中的"文本"工具，在小鸭下方单击，出现文本框，输入"小鸭戏水"文字，并设置字体和字号。至此，"小鸭戏水"这幅图片就基本完成了，效果如图 6-8 所示。

图 6-8　绘制完成的"小鸭戏水"图片

(8) 单击快速访问工具栏中的"保存"图标，可以将图片保存为 JPG 文件。

6.1.2　编辑图片

画图工具软件除可以绘制一些简单的图形外，还可以作为编辑器，对一些图片进行剪裁、复制等处理。在复制、移动图片之前必须首先选定要复制或移动的区域。

【例 6.2】在给定的图片中分别选取一个规则区域和一个不规则区域，并将其复制到另一幅图片中。

(1) 使用画图工具软件打开一幅图片。

(2) 选取一个矩形区域。单击“图像”选项卡中的“选择”下拉箭头，按住鼠标左键并在图片上拖曳，选择图片中的一个区域，此时可以看到一个矩形选择框，效果如图 6-9 所示，松开鼠标左键即可选定所选区域。

(3) 选取一个不规则区域。单击“图像”选项卡中的“选择”下拉箭头，单击“自由图形选择”命令，按住鼠标左键并在图片上拖曳，画出一个闭合区域，放开鼠标左键，出现一个不规则区域的矩形选择框。选择图片区域后就可以移动或复制选定区域的图片了。

(4) 移动选定图片。首先将鼠标指针指向选定的矩形区域或自由选择区域，然后拖曳鼠标即可移动选定的区域，效果如图 6-10 所示。

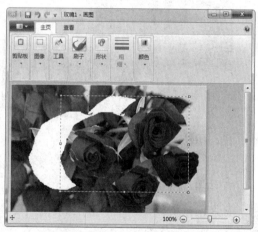

图 6-9　选择矩形区域　　　　　　　　　图 6-10　移动选定的不规则区域

(5) 复制图片。选定图片后，单击“剪贴板”选项卡中的“复制”按钮，再单击“粘贴”按钮，选定的图片被复制到“画图”窗口中，再将复制的图片移动到指定的位置。也可以将图片复制到其他文档，如 Word 文档中。

按住 Ctrl 键，拖曳选定的图片区域，即可复制图片。按住 Shift 键再拖曳选定的图片，则在移动轨迹上复制选定的图片。

(6) 裁剪图片。在图片中选择想要的区域后，单击“图像”选项卡中的“裁剪”按钮，即可在选定的图片区域重新建立一幅图片，效果如图 6-11 所示，保存该新图片，可供以后使用。

图 6-11　裁 剪 的 图 片

图片的裁剪功能相当于选定图片区域后，再逐步执行"复制""新建""粘贴"操作。

 提示

如果要截取当前屏幕的一部分，则可以按一下键盘上的 PrtScr 键，在画图工具软件中单击"粘贴"按钮，将当前屏幕作为图片复制到"画图"窗口中，然后在图片中选取需要的区域，单击"裁剪"按钮，再新建一个图片文件，将该图片保存在新建的图片文件中，保存该文件即可。

6.1.3　调整图片

调整图片包括对图片进行翻转、旋转、调整大小、倾斜、反色、设置属性等操作。

1．翻转和旋转

翻转和旋转是指将图片进行水平、垂直或按一定的角度旋转。具体操作方法如下。

选择要进行翻转或旋转的区域或整幅图片，然后在"图像"选项卡中单击"旋转"命令，根据需要进行翻转或旋转，如图 6-12 所示。

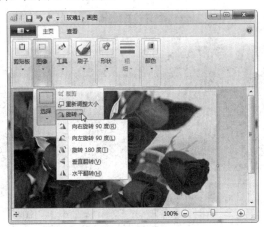

图 6-12　翻转或旋转图片

2．调整大小和倾斜

调整大小和倾斜是指将图片在一定方向上进行变形操作。调整大小的操作分为水平方向和垂直方向，倾斜分为按一定的角度的水平方向和垂直方向倾斜。具体操作方法如下。

选择要进行调整大小或倾斜的区域，单击"图像"选项卡中的"重新调整大小"命令，打开"调整大小和扭曲"对话框，根据需要进行设置。例如，将图片缩小 70%，水平倾斜 30 度，效果如图 6-13 所示。

调整图片大小可以按图片的百分比或像素进行。例如，有时对图片像素大小有要求，可以选择"像素"。如果勾选"保持纵横比（M）"复选项，则水平方向或垂直方向只调整一个选项即可，另一个选项将自动由系统进行调整。

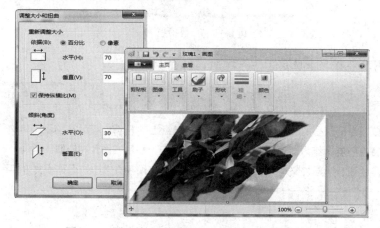

图 6-13　图片缩小 70% 并水平倾斜 30 度后的效果

3．反色

反色是指对当前选择区域进行颜色反转处理。反转颜色包括黑色和白色反转、暗灰和亮灰反转、红色和青色反转、黄色和蓝色反转、绿色和淡紫色反转。具体操作方法如下。

鼠标右击要进行反色设置的图片区域或整幅图片，从弹出的快捷菜单中选择"反色"命令，图片反色前后的效果对比如图 6-14 所示。

图 6-14　图片反色前后的效果对比

4. 设置属性

设置图片的属性是指设置图片的宽度和高度、黑白或彩色等。具体操作方法如下。

打开要进行属性设置的图片，单击选项卡左侧的"画图"，从打开的下拉菜单中选择"属性"命令，弹出"映像属性"对话框，如图 6-15 所示。在该对话框中既可以选择图片的单位，还可以将彩色图片转换为黑白图片，但不能将黑白图片转换为彩色图片。

编辑完图片后，可以将图片通过电子邮件发给其他用户。操作方法是，单击"画图"，从下拉菜单中选择"在电子邮件中发送"命令，打开电子邮件工具软件，系统默认选择 Outlook，输入收件人的电子邮件地址、主题，并将图片作为附件，然后单击"发送"按钮即可。

图 6-15　"映像属性"对话框

 提示

（1）快速缩放图片。利用"画图"工具软件打开图片，若该图片的原始尺寸较大，则可以拖曳屏幕右下角滑块，将显示比例缩小，这样便于在画界界面查看整个图片。当然，也可以在"查看"选项卡中，直接选择"放大"或"缩小"来调整图片显示的大小。

（2）显示标尺和网格线。在查看图片时，特别是一些需要了解图片部分区域的大致尺寸时，可以利用标尺和网格线功能，操作时，在"查看"菜单中，勾选"标尺"和"网格线"复选项即可。

（3）放大镜功能。有时因为图片中的局部文字或图像太小而看不清楚，这时，就可以利用画图工具软件中的"放大镜"工具，放大图片的某一部分，以方便查看。

（4）全屏方式看图。Windows 7 画图工具软件还提供了"全屏"功能，可以在整个屏幕上以全屏方式查看图片。在画图工具软件"查看"选项卡的"显示"选项组中，单击"全屏"选项，即可全屏查看图片。需要退出全屏时，单击显示的图片即可返回"画图"窗口。

 试一试

（1）分别绘制两条不同颜色、不同粗细的光滑曲线。

（2）设置前景色和背景色为不同的颜色，再分别使用前景色和背景色绘制三角形和六边形。

（3）绘制矩形，并填充不同的颜色；按住 Shift 键，绘制几个大小不一的正方形。

（4）绘制一个多边形，并在该多边形中添加文字"这是一个多边形"。

（5）使用画图工具软件，分别绘制一个圆和一个椭圆，并分别填充红色和蓝色作为前景色。

（6）在上题绘制的圆和椭圆底部分别添加文字"圆"和"椭圆"。

（7）找一张自己的照片，使用画图工具软件进行修饰或裁剪。

（8）使用画图工具软件获取屏幕上的一个窗口，并作为图片文件保存。

相 关 知 识

ACDSee 15 应用简介

ACDSee 是目前流行的数字图像处理软件，它广泛应用于图片的获取、管理、浏览、优化，便于与他人分享，是非常方便的图片编辑工具，可以轻松处理数码影像。该软件的功能包括去除红眼、图片修复、锐化、曝光调整、旋转、镜像等特殊效果的处理，以及对图片文件进行批量处理。ACDSee 还能处理常用的视频文件。目前的最新版本是 ACDSee 15。

1. 使用 ACDSee 15 浏览图片

ACDSee 15 启动后的主界面如图 6-16 所示。

图 6-16　ACDSee 15 主界面

在 ACDSee 15 主界面中，除主菜单外，还包括"管理""查看""编辑"和"Online"选项卡。在左侧窗格"文件夹"列表框中选择指定的文件夹后，在中间的窗格中就会显示出该文件夹中所有图片的缩略图，在右侧"属性"窗格显示该图片的属性。鼠标在浏览区指向图片，图片将被放大显示；单击图片，在"文件夹"窗格下方"预览"区域可以预览该图片；双击图片便可进行详细浏览。

（1）浏览图片。

在浏览区中单击"查看"下拉列表，可以选择图片的浏览方式。在"查看"选项卡中，除可以使用"胶片"等方式浏览（如图 6-17 所示）外，还可以全屏显示图片、查看图片属性等。

图 6-17 "胶片"方式浏览图片

（2）播放幻灯片。

在使用 ACDSee 15 浏览图片时，可以设置以幻灯片的方式连续播放图片。若以幻灯片方式播放图片，则可以切换到"管理"选项卡，单击"幻灯片"中的"幻灯放映"选项，或者在"查看"选项卡中单击"工具"中的"幻灯放映"选项，开启幻灯片自动播放当前文件夹中的图片。

2．对图片进行编辑

ACDSee 15 不仅可以浏览图片，还具有较强的图片编辑功能。常用的编辑功能除常见的亮度、对比度调整外，还具有自动曝光、色彩平衡、消除红眼、锐化、调整大小、裁剪、旋转/翻转、特效等功能。

（1）调节图片曝光。

切换到"编辑"选项卡，在左侧窗格出现"编辑模式菜单"面板，单击"几何形状"列表中的"曝光"选项，打开"曝光"面板，在此可以调整当前图片的"曝光""对比度""填充光线"等值，如图 6-18 所示。单击"完成"按钮，保存并返回"编辑模式菜单"面板。

（2）消除红眼。

如果数码照相机没有开启消除红眼功能，则拍出来的人物可能有"红眼"现象。这时，可以利用"编辑模式菜单"面板中的"红眼消除"选项来消除红眼。单击图片中的红眼，出现一个轮廓，通过鼠标滑轮可以调整其大小，直到红眼消除；再通过调整"调暗"值来调整眼睛的明暗度，单击"完成"按钮结束操作。如图 6-19 所示给出了对猫的眼睛进行消除红眼操作前后的效果。

图 6-18　调节图片曝光

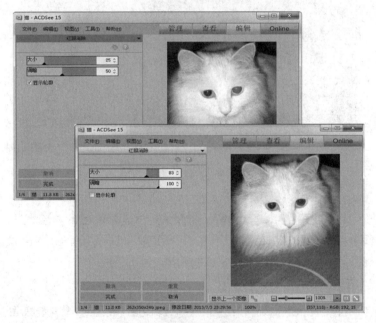

图 6-19　消除红眼前后的效果

（3）调整图片大小和剪裁图片。

如果想改变图片的大小，则可以以单击"编辑模式菜单"面板"几何形状"列表中的"调整大小"选项来调整，包括按像素、百分比、分辨率等的调整。

如果需要对原图片进行裁剪，则可以利用 ACDSee 15 中的图片裁剪功能。单击"编辑模式菜单"面板"几何形状"列表中的"裁剪"选项，用鼠标拖曳调整控制框及控制点，可以得到相应的效果，效果如图 6-20 所示，最后单击"完成"按钮结束操作。

（4）调整图片色彩。

单击"编辑模式菜单"面板选择"颜色"列表中的"色彩平衡"选项，在"色彩平衡"列表中可以调整图片的饱和度、色度、亮度，以及红、绿、蓝等颜色值。

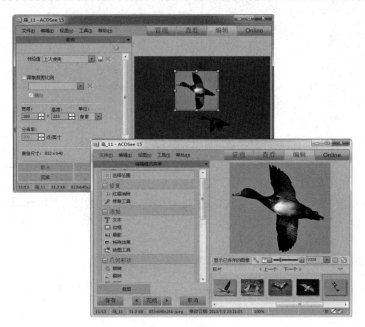

图 6-20 裁剪图片

3．文件批量重命名

在管理文件时，如果要使一组文件具有按统一规则命名的文件名，则在"管理"选项卡中选择要批量重命名的多个文件，单击"批量"选项中的"重命名"命令，打开"批量重命名"对话框，在"模板"中输入文件名，在"开始于"文本框内选择起始序号（如"1"），单击"开始重命名"按钮后，所选文件的名称全部被更改为模板指定的名字。

ACDSee 15 还有其他图片编辑功能，如通过"批量"下拉列表中的"转换文件格式"命令，可以批量对文件格式进行转换，用户可以自行学习，灵活运用。

6.2 截图工具软件

☑ 除画图工具软件外，Windows 7 还提供了哪些截图工具软件？

☑ 如何使用截图工具软件快速截取图片的一部分？

问题与思考

截图工具软件是 Windows 7 中自带的一款用于截取屏幕图片的工具软件，使用该工具软件能够将屏幕中显示的内容截取为图片，并保存为文件或复制并应用到其他程序中。打开截图工具软件的方法有以下两种。

（1）单击"开始"→"所有程序"→"附件"→"截图工具"命令，即可打开"截图工具"窗口，如图 6-21 所示。"截图工具"窗口以工具条方式显示。

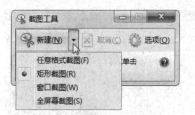

图 6-21　"截图工具"窗口

（2）单击"开始"→"所有程序"→"附件"→"运行"命令，在"运行"文本框中输入 SnippingTool，也可打开"截图工具"窗口。

截图工具软件提供了四种截图方式，分别为"任意格式截图""矩形截图""窗口截图""全屏幕截图"。截图之前，应先确定截图方式。

6.2.1　截取矩形区域

截取矩形区域，也就是将屏幕中任意矩形部分截取为图片，用户可以自行控制截取范围，其具体操作如下。

（1）打开需要截图的屏幕，调整好要截取的屏幕区域位置。

（2）打开"截图工具"窗口，在"新建"下拉列表中单击"矩形截图（R）"命令，拖曳鼠标，在屏幕中绘制矩形框，选取要截取的区域，效果如图 6-22 所示。

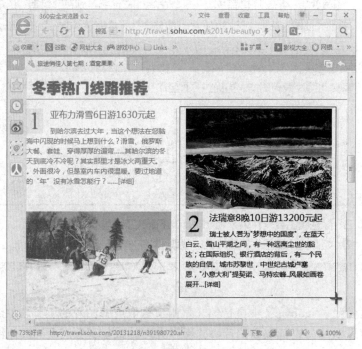

图 6-22　选取截取区域

（3）选择截取区域后，放开鼠标左键，即可将选取区域截取为图片，并显示在"截图工具"窗口中，效果如图 6-23 所示。

图 6-23　截取的图片

（4）单击"文件"菜单中的"另存为"命令，可以将图片另存为 GIF、JPEG 等格式的文件。

截取屏幕图片后，利用常用工具栏上的"笔"和"荧光笔"可以在图片上添加标注，如图 6-24 所示，用"橡皮擦"可以擦去错误的标注。

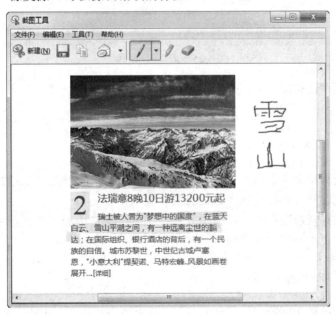

图 6-24　添加标注

单击"发送截图"按钮，可以将截取的图片通过电子邮件发送出去。

6.2.2　截取窗口区域

截取窗口区域是指将当前屏幕中打开的窗口截取为完整的图片。截取窗口图片时，必须使窗口的所有区域均在屏幕中显示出来，其具体操作如下。

在"新建"下拉列表中选择"窗口截图"选项，将鼠标指针指向要截取的窗口，单击鼠标，即可将所选窗口截取为完整的图片，如图 6-25 所示。

图 6-25　截取窗口区域

截取完毕后，除保存图片外，还可以通过"复制"命令复制截取的图片，然后将其粘贴到其他文档，如 Word 文档中。

6.2.3　截取全屏

截取全屏就是将整个屏幕显示的图像截取为一张图片，方法是只要选择"全屏幕截图"选项，就会自动截取屏幕并显示在"截图工具"窗口中。

如果要继续或重新截取图片，则单击"截图工具"窗口中的"新建"按钮，返回截图工具条并选择截取方式，即可继续截取图像或全屏截图。

6.2.4　截取任意形状

截取任意形状是指在屏幕中选择任意形状、任意范围的区域，并将所选区域截取为图片，其操作如下。

在"新建"下拉列表中选择"任意格式截图"选项，按住鼠标左键并拖曳鼠标，在要截取的区域中绘制线条框，绘制完成后，放开鼠标左键，即可将选取范围截取为图片，并显示在"截图工具"窗口中，如图 6-26 所示。

图 6-26　截取任意形状图片

 提示

　　使用 Windows 7 的截图工具软件每次都要通过单击"开始"→"所有程序"→"附件"→"截图工具"命令来调用。如果经常使用截图工具，则可以把截图工具软件图标拖曳到任务栏上并锁定，这样使用会更便捷。

 试一试

　　（1）使用截图工具软件截取屏幕中的一个矩形区域，并以 JPG 格式保存。

　　（2）打开一张含有动物内容的图片，使用截图工具软件将图片上的动物部分截取下来。

　　（3）截取当前屏幕中的一个窗口。

相 关 知 识

屏幕截图方法简介

1．使用 PrtScr 键截屏

　　在截取屏幕图像时，除使用 Windows 7 中的截图工具软件外，还可以使用键盘上的 PrtScr 键。当需要截屏时，按 PrtScr 键即可完成对当前屏幕的截屏工作。若连续多次按键则以最后一次为准。打开画图等类型的工具软件，新建一个空白页面后，执行"粘贴"操作，即可看到当前屏幕的截图，同样，还可以利用画图工具软件对当前截屏图像加以修饰并保存。

2．使用聊天工具软件截图

　　很多人都习惯使用微信或 QQ 与他人交流，此时，如果要截取屏幕图像，则可以单击会话工具栏中的"截图"或"屏幕截图"图标，按住鼠标左键，在要截取的屏幕上拖曳出一个矩形区域，放开鼠标左键，在截取区域下会出现工具条，单击"完成"按钮，即可将截取的图片显示在微信或 QQ 会话区，如图 6-27 所示，最后单击"发送"按钮，将图片发给对方。

图 6-27　使用 QQ 截取图片

可以对使用微信或 QQ 截取的图片进行复制、粘贴操作，并可以复制到其他文档中，还可以以文件的形式保存到磁盘上。方法是在截取的图片上右击，在弹出的快捷菜单中选择相应的操作命令。如果要重点强调图片中的某些内容，则可以利用"画笔"进行标注。

3．使用 SnagIt 获取屏幕信息

SnagIt 是一个屏幕、文本和视频捕获、编辑、转换的工具软件。该软件可以捕获视频、文本、图像。SnagIt 12 界面如图 6-28 所示。用该软件捕获视频时可以保存为 AVI 格式，捕获图像时可保存为 BMP、PCX、TIF、GIF、PNG 或 JPEG 等格式，使用 JPEG 格式可以指定所需的压缩级（从 1% 到 99%），也可以在一定的区域捕捉文本；可以选择是否包括光标或添加水印。另外，它还具有自动缩放、颜色减少、单色转换、抖动及转换为灰度级等功能。

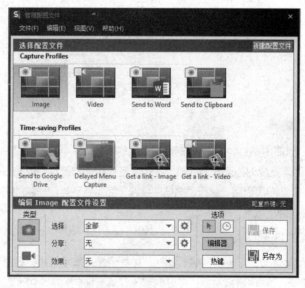

图 6-28　SnagIt 12 界面

此外，SnagIt 在保存屏幕捕获的图片之前，还可以用其自带的编辑器编辑；也可以选择自动将其送至 SnagIt 虚拟打印机或 Windows 剪贴板中，或者直接用电子邮件发送；还能将捕获的图片嵌入 Word、Excel、PowerPoint 中。

6.3　"Windows Live 照片库"图像处理软件

☑　你是否经常遇到照片曝光过度或不足，以及颜色不正等问题？

☑　如何使用"Windows Live 照片库"图像处理软件处理照片？

　　Windows 7 资源管理器和"库"功能为用户提供了比较完善的文件管理功能。用户可以使用"Windows Live 照片库"图像处理软件对数字照片进行管理。

6.3.1　安装 Windows Live 照片库

　　如果在 Windows 7 中没有安装电子邮件客户端、图片管理等工具软件，则可以通过联机获取"Windows Live 照片库"图像处理软件等工具包。

　　（1）在"所有控制面板"窗口中，单击"入门"选项，打开"入门"窗口，如图 6-29所示，双击"联机获取 Windows Live Essentials"选项。

图 6-29　打开"入门"窗口

　　（2）在打开的 Windows Live Essentials 下载页面中，单击右侧的"立即下载"按钮，下载安装文件。下载完成后，双击运行安装文件，确认服务协议后，弹出"选择要安装的程序"对话框，如图 6-30 所示。

　　（3）选择安装选项，如"照片库"，单击"安装（I）"按钮，系统开始安装。

（4）安装结束后，需注册 Windows Live ID 账号，然后就可以使用"Windows Live 照片库"了。

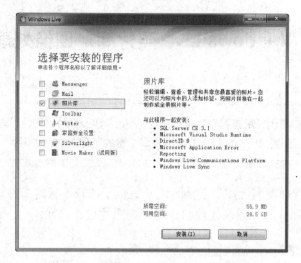

图 6-30　"选择要安装的程序"对话框

6.3.2　在照片库中浏览照片

安装"Windows Live 照片库"后，单击"开始"→"所有程序"→"Windows Live 照片库"命令，打开"Windows Live 照片库"窗口。在左侧的导航窗格中选择"所有照片和视频"列表中的"我的图片"选项，即可在右侧窗格的缩略图预览区显示该文件夹中的图片，效果如图 6-31 所示。"Windows Live 照片库"窗口下部为控制区。

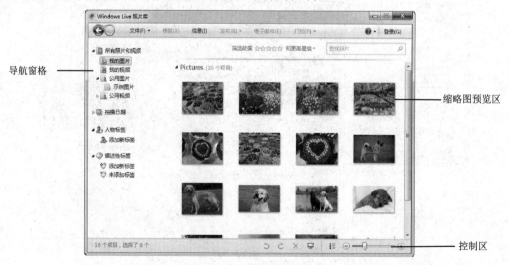

图 6-31　"Windows Live 照片库"窗口

1. 缩略图预览

在"Windows Live 照片库"图像处理软件运行时，默认以缩略图模式显示所有照片，通过导航窗格可以进行分类查看。

（1）查看详细信息。

单击"Windows Live 照片库"图像处理软件顶端的"信息（I）"按钮，可以展开"详细信息"面板，查看当前照片的详细信息，包括文件名、拍摄日期、大小、尺寸等，如图 6-32 所示。

（2）调整图片的显示尺寸。

将鼠标光标悬停在某张图片上，会弹出浮动缩略图供用户悬浮查看图片，效果如图 6-33 所示。此时，可以通过拖曳控制区的控制滑块，或者按住 Ctrl 键后滚动鼠标滑轮来调节缩略图的显示尺寸。

图 6-32　查看图片详细信息　　　　　　图 6-33　悬浮查看图片

（3）切换图片的显示方式。

单击控制滑块左侧的 按钮，可以将缩略图切换到带有文字说明的显示状态。

（4）选择图片分组和排序方式。

右击缩略图预览区的空白区域，在弹出的快捷菜单中可以选择图片不同的查看方式或排列方式，如"查看方式"，不同的"分组方式""排序方式"等，分别如图 6-34～6-36 所示。

图 6-34　"查看方式"选项　　　图 6-35　"分组方式"选项　　　图 6-36　"排序方式"选项

另外，还可以使用"目录"功能排列缩略图。

2. 查看完整图片

缩略图只能显示图片的大致内容，如果想查看完整图片，则只需双击该图片的缩略图，即可打开"Windows Live 照片库"图像处理软件对图片进行完整浏览。

3. 幻灯片放映

使用"Windows Live 照片库"图像处理软件的幻灯片功能，可以自动播放图片。通过导航窗格选择需要自动播放的图片库，单击"Windows Live 照片库"窗口控制区的 按钮或按 F12 功能键，即可进入全屏幕的幻灯片播放模式。

在幻灯片播放过程中，右击鼠标，在弹出的快捷菜单中选择相应的命令，可对幻灯片播放进行控制，如暂停、后退、播放速度等。

6.3.3 在照片库中编辑照片

用户获取的图片或拍摄的照片常常会有一些问题，如位置不正、曝光过度或不足、颜色不正等，如图 6-37 所示。使用"Windows Live 照片库"图像处理软件不仅可以对图片或照片进行编辑，还可以为图片添加某些特殊效果。

通过观察如图 6-37 所示的照片可以看出该照片拍摄角度倾斜，需要逆时针旋转调整。如果照片曝光不足，则需要增加照片的亮度、对比度等，使照片更加清晰，色彩更加鲜艳。

图 6-37　照片拍摄角度倾斜

1. 旋转照片

在拍摄照片时，如果没有找好照相机的水平位置，那么拍出来的照片就可能是倾斜的，可以通过"Windows Live 照片库"图像处理软件对此类照片进行修正。

（1）在照片库中选中要调整的照片，单击窗口上方的"修复（X）"按钮，出现照片完整视图，窗口右侧窗格显示了对应的图片调整选项，如图 6-38 所示。

（2）单击"Windows Live 照片库"图像处理软件控制区的旋转按钮（ 或 ），可使照片逆时针或顺时针 90 度旋转。对于倾斜的照片，需要单击"修复"面板中的"校正照片（N）"按钮，通过左右拖曳滑块并借助参考线对照片进行微调，直至照片中的影像达到需要的位置，效果如图 6-39 所示。

2. 调整曝光

在拍摄照片时，难免会出现曝光度、亮度不足，如图 6-40 所示。单击"修复"面板中的"调整曝光（D）"按钮，打开调节面板，即可对照片的亮度、对比度和阴影等进行调节，调整曝光后的效果如图 6-41 所示。

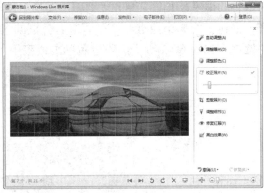

图 6-38　照片调整选项　　　　　　　　　　　图 6-39　位置校正后的照片

图 6-40　调整曝光前的照片　　　　　　　　　图 6-41　调整曝光后的照片

3．调整颜色

单击"修复"面板中的"调整颜色（C）"按钮，可打开调节面板，对照片的色温、色调及饱和度等进行调节，如图 6-42 所示。

图 6-42　调整图片颜色

4．剪裁图片

如果感觉拍摄的照片构图不太理想，则可以使用"Windows Live 照片库"图像处理软件的剪裁功能重新构图。单击"修复"面板中的"剪裁照片（O）"按钮，在照片上出现剪裁框，拖曳框体上的 8 个控点，可以调节剪裁框的大小，按住剪裁框的中央拖曳可移动剪裁框区域的位置，如图 6-43 所示，确定后单击"应用"按钮即可进行剪裁，效果如图 6-44 所示。

图 6-43　选取剪裁区域

图 6-44　剪裁后的照片

5．消除红眼

在拍摄人物照片时，照片中的人物经常出现"红眼"现象，用"Windows Live 照片库"图像处理软件的"修复红眼"功能，可以很容易地进行修复。打开有"红眼"现象的照片文件，在"修复"面板中单击"修复红眼（V）"按钮，再用按住鼠标左键框选人物的红眼区域，如图 6-45 所示，松开鼠标左键后即可去除"红眼"现象，效果如图 6-46 所示。

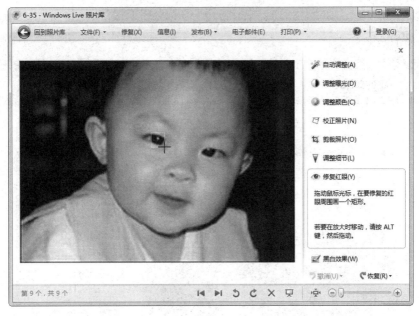

图 6-45 框选红眼区域

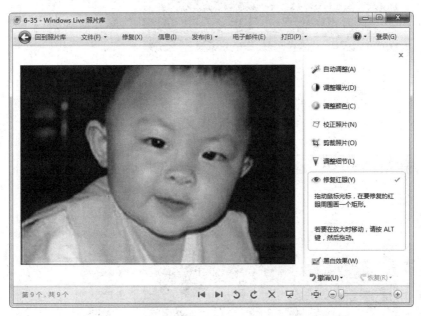

图 6-46 消除红眼后的照片

6. 设置黑白效果

通过"修复"面板，还可以给彩色照片赋予黑白效果。单击"修复"面板中的"黑白效果（W）"按钮，选择一种预设的黑白效果，如图 6-47 所示，可以使照片产生近似老照片的效果，如图 6-48 所示。

提示

使用"修复"面板中的"自动调整（A）"功能，可以使照片库自动分析照片并对其进行处理。如果对自动调整的效果不满意，则可以单击"撤销（U）"按钮，使照片恢复原状。

图 6-47　选择一种预设的黑白效果

图 6-48　设置黑白效果后的照片

试一试

使用"Windows Live 照片库"图像处理软件对如图 6-49 所示的照片进行下列操作。

图 6-49　待加工处理的照片

（1）对照片进行曝光调整，使照片中的马适当增加亮度。

（2）调整照片的颜色，包括色温、色调和饱和度。

（3）校正照片中马的位置，使马正立在照片中。

（4）对照片进行锐化处理。

（5）设置照片的黑白效果，分别使用无滤镜、黄色滤镜和棕褐色进行调整。

（6）将以上处理的照片另外保存。

6.4　"Windows Media Player"多媒体播放软件

问题与思考

☑　你平时使用什么多媒体播放软件？

☑　你对"Windows Media Player"多媒体播放软件了解多少？

　　"Windows Media Player"多媒体播放软件是 Windows 集成的一个软件，可以播放和编辑计算机及 Internet 上的数字媒体文件，如 MP3、WMA、WAV 等格式的音频文件，以及 AVI、WMV、MPEG、DVD 等格式的视频文件。"Windows Media Player"多媒体播放软件支持用户自定义媒体数据库收藏媒体文件，播放列表，从 CD 抓取音轨并复制到硬盘，刻录 CD，与便携式音乐设备同步音乐，换肤，MMS 与 RTSP 的流媒体，以及外部安装插件增强等功能。下面介绍该软件的使用方法。

6.4.1　认识多媒体播放器界面

　　启动 Windows Media Player。单击"开始"→"所有程序"→"Windows Media Player"

命令，启动 Windows Media Player，效果如图 6-50 所示。

图 6-50　Windows Media Player 窗口

下面简要介绍 Windows Media Player 主要功能区域。

➤ **导航窗格**：用于快速在 Windows 媒体库中切换显示多媒体类别及访问其他共享多媒体内容。

➤ **细节窗格**：显示当前影音文件的详细信息，用户可以直接将影音文件从细节窗格中拖曳到播放列表窗格中进行播放。

➤ **播放列表窗格**：包含"播放""刻录"和"同步"三个选项卡，用户可以在播放列表窗格中对播放文件进行选择播放、分级、删除、刻录 CD 及同步传输多媒体时显示对应的多媒体列表，或者向列表中添加媒体文件等操作。

➤ **播放控件区域**：播放控件按钮显示在 Windows Media Player 窗口的底部，提供常规的播放控件按钮、播放模式快速切换按钮，并可显示播放状态。

　　用户可以切换多媒体播放器的外观模式，从多媒体库的播放器的完整模式，如图 6-50 所示，切换到简洁播放模式，如图 6-51 所示。仅需单击播放器右下角"切换到正在播放"按钮即可。

　　在播放多媒体文件时，可以将鼠标指针悬停在任务栏的 Windows Media Player 图标上，即可通过缩略图轻松实现播放、暂停或迅速跳转等基本控制功能，如图 6-52 所示。

图 6-51　简洁播放模式

图 6-52　通过缩略图实现基本控制功能

6.4.2 播放音频、视频文件

如果用户的计算机中保存了音频、视频文件，则可以使用 Windows Media Player 进行播放。

1．播放音频文件

如果计算机中已经安装了多媒体硬件设备，就可以使用多媒体播放器播放音频文件。音频文件包括 CD 音乐、MP3、MIDI 等等格式的文件。

【例 6.3】使用 Windows Media Player 12 播放一段 MP3 格式的音乐。

(1) 启动 Windows Media Player 12，出现媒体库模式，单击〝文件〞菜单中的〝打开〞命令，从〝打开〞对话框中选择要播放的 MP3 格式文件，一次可以选择多个要播放的文件。

(2) 单击〝打开〞命令，Windows Media Player 12 开始播放所选择的曲目，在右侧的播放列表窗格中列出了曲目名单，如图 6-53 所示。

图 6-53　媒体库模式及播放音乐文件窗口

在播放的过程中，可以利用播放控件区域的控制按钮来控制音乐文件的播放、暂停、音量、切换到正在播放窗口等。

如果要播放媒体库中的音乐文件，则首先打开 Windows Media Player 窗口，使用导航窗格浏览或在搜索框中输入要查找的音乐文件，选中要播放的文件后单击〝播放〞按钮即可。

如果要播放 CD，则可以直接将 CD 放入光盘驱动器中，系统将自动启动多媒体播放器，并开始播放。

2．播放视频文件

打开 Windows Media Player 窗口，切换到媒体库模式，单击导航窗格中的"视频"选项，便可看到媒体库中所有的视频文件，双击要播放的视频即可播放，如图 6-54 所示。

如果要播放计算机或光盘上的视频文件，则可以在媒体库模式下，单击"文件"菜单中的"打开"命令，选择要播放的视频文件即可。

Windows Media Player 除可以播放 CD、MP3 等类型的音乐文件外，还可以用来观看 VCD

和 DVD，但 VCD 的视频保真度不如 DVD 高。

播放 VCD 的方法比较简单，将 VCD 光盘插入光盘驱动器，如果 Windows Media Player 正在运行且未播放其他内容，则会自动开始播放 VCD，如果播放器正在播放其他内容，则可以单击"播放"菜单上的"DVD、VCD 或 CD 音频"命令。

图 6-54　在媒体库模式下选择播放视频文件

 提示

　　如果 Windows Media Player 不能自动播放 VCD，则说明 Windows 版本不支持自动播放 VCD，需要手动播放 VCD。手动播放 VCD 的步骤是，单击播放器"文件"菜单中的"打开"命令，在弹出的"打开"对话框中定位到光盘驱动器，双击该驱动器的 MPEGAV 文件夹，在"媒体文件（所有类型）"下拉列表框中选择"所有文件（*.*）"选项，选择一个扩展名为.dat 的文件，播放器开始播放。

　　另外，在 Windows Media Player 媒体库中还可以浏览图片、录制的电视节目等。

6.4.3　管理媒体库

在使用 Windows Media Player 时，Windows 媒体库会自动监视并自动添加位于系统预设用户文件夹下多媒体目录中的多媒体文件。由于大部分用户都将多媒体文件存放在自定义的文件夹中，所以可以将其添加到媒体库中。

1．向媒体库中添加文件

下面以音乐文件为例，将 music 文件夹中的音乐文件添加到媒体库中。

（1）打开 Windows Media Player，在菜单栏中选择"文件"→"管理媒体库"→"音乐"命令，弹出"音乐库位置"对话框，单击"添加（A）…"按钮，在打开的"将文件夹包括在'音乐'中"对话框中选择需要的文件夹，单击"包括文件夹"按钮，如图 6-55 所示。

（2）返回"音乐库位置"对话框，可以看到新添加的 music 文件夹，单击"确定"按钮，返回 Windows Media Player 窗口，可看到新添加的音乐文件，如图 6-56 所示。

图 6-55　选择要添加的文件夹

图 6-56　新添加的音乐文件

> **提示**
>
> 　　如果要删除媒体库中的文件（如删除音乐文件），则在 Windows Media Player 窗口的地址栏中单击"媒体库"→"音乐"→"所有音乐"命令，进入"所有音乐"，找到想要删除的音乐文件，右击鼠标，在弹出的快捷菜单中选择"删除"，就可以从媒体库中删除文件。

2．创建播放列表

下面以音乐文件为例，介绍创建播放列表的具体操作方法。

（1）在 Windows Media Player 的地址栏中单击"媒体库"→"音乐"→"所有音乐"命令，打开"所有音乐"面板。

（2）右击要添加到播放列表中的音乐文件，在弹出的快捷菜单中单击"添加到"→"播放列表"命令。用同样的方法可以将多个音乐文件添加到播放列表中，如图 6-57 所示。

图 6-57　创建播放列表

（3）单击列表窗格中的"未保存的列表"选项，出现"无标题的播放列表"，输入播放列表的名称，如输入 My-Music1，即可为该播放列表命名。

在创建的播放列表中，还可以继续添加文件。方法是单击"媒体库"→"音乐"→"所有音乐"命令，出现"所有音乐"面板；再在细节窗格中右击要添加到播放列表中的音乐文件，在弹出的快捷菜单中单击"添加到"→"My-Music1"命令，在 My-Music1 播放列表中可以看到新添加的音乐文件。

用同样的方法还可以从已创建播放列表中删除某个文件。

6.4.4　从 CD 复制音乐文件

如果用户想随时播放 CD 中的音乐中，则可以将 CD 中的曲目复制到硬盘中，选择喜欢的歌曲播放。

1．复制 CD 中的音乐文件

复制 CD 中的音乐文件的操作步骤如下。

（1）打开 Windows Media Player，并将 CD 放入光盘驱动器。

（2）从细节窗格中选择要复制的 CD 中的音乐文件，也可以对全部音乐文件进行复制。如果要对复制进行设置，则可以单击任务栏上的"翻录设置（E）"命令，如图 6-58 所示，并可以设置音频质量、音乐文件的保存位置等。

（3）单击"翻录 CD（I）"命令开始复制。如果要停止复制，则可以单击"停止复制"命令。

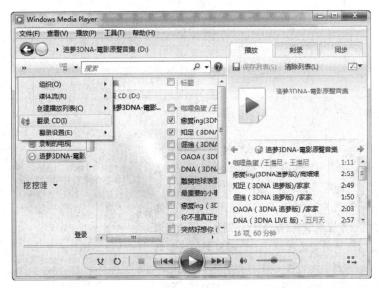

图 6-58　复制 CD 中的音乐文件

在默认情况下，选中的曲目将复制到媒体库"我的音乐"文件夹中，以后可以直接播放这些曲目。

2．刻录 CD

用户可以利用 Windows Media Player 将媒体库中的曲目刻录在 CD 中以制作自己的 CD。在刻录 CD 前，必须确保当前使用的计算机上的光盘驱动器能够进行 CD 刻录。刻录 CD 的操作步骤如下。

（1）打开 Windows Media Player，如果播放器处于"正在播放"模式，则单击窗口右上角的"切换到媒体库"按钮，切换到媒体库模式。

（2）选择媒体库中要刻录的音乐文件，再将空白光盘放入光盘驱动器。

（3）在列表窗格上方选择"刻录"选项卡，将选中的文件从细节窗格拖曳到"刻录列表"中，如图 6-59 所示。

（4）单击列表窗格中上方的"开始刻录（S）"按钮，即可开始刻录 CD。刻录完成后光盘将自动弹出。

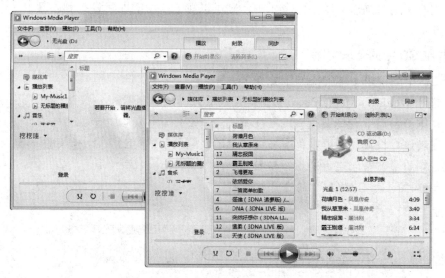

图 6-59　将文件拖曳到刻录列表中

提示

在刻录 CD 前，可以对刻录选项进行设置，以便获得更好的刻录效果。设置方法是单击"组织"菜单中的"选项"命令，打开"选项"对话框，选择"刻录"选项卡，可以设置"刻录速度""在曲目间应用音量调节（V）"（如果对最初按不同音量级别录制的曲目进行刻录，则选择该项可以减小曲目之间的音量差异，避免播放时的音量调节）、"刻录 CD，曲目间无间隙（G）"（刻录的 CD 上的两个曲目之间不会出现 2 秒的无声间隙）等，如图 6-60 所示。

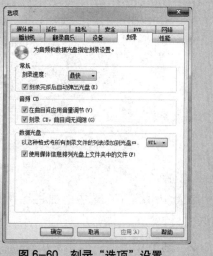

图 6-60　刻录"选项"设置

试一试

（1）打开 Windows Media Player，将要播放的音乐文件添加到播放列表中，并创建一个名为"我喜爱的音乐"的播放列表。

（2）向媒体库中添加视频文件，选择播放一个视频文件。

（3）选择喜欢的歌曲，使用 Windows Media Player 将其刻录成 CD。

相 关 知 识

常用的媒体播放器简介

1. QQ 影音播放器

QQ 影音播放器是腾讯公司推出的一款支持任何格式影片和音乐文件的本地播放器，如图 6-61 所示。它支持多种格式文件且占用资源极小，追求更小、更快、更流畅的视听享受。它具有清爽的界面风格，绝无广告和插件的干扰，使用户在影音娱乐的专属空间里，拥有真正五星级的视听享受。

图 6-61　QQ 影音播放器

2. 暴风影音播放器

暴风影音播放器是北京暴风科技股份有限公司推出的一款视频播放器，如图 6-62 所示。该播放器兼容大多数视频和音频格式，在广大用户中有很高的知名度。

图 6-62　暴风影音播放器

6.5 "Windows Live 影音制作"工具软件

☑ 你是否经常对录制或下载的视频进行截取处理？

☑ 你是否考虑过将照片、视频、音乐等集成为一部电影？

"Windows Live 影音制作"工具软件是 Windows 7 中用于创建家庭电影文件的一个多媒体组件。利用这个工具软件，用户可以编辑和整理音频、图片及各种视频文件，制作出影音片段，并可以编辑、添加音频文件。

6.5.1 导入影音素材

当创建一个新的影音文件时，需要事先准备好要制作影音的图片、音频文件及视频文件等。例如，现在有一组城市老建筑的图片、音频和视频素材，要制作一个城市老建筑的宣传片，可以使用"Windows Live 影音制作"工具软件。

使用"Windows Live 影音制作"工具软件之前，首先应查看计算机中是否已安装该组件，如果没有安装，则需要首先下载 Windows Live 软件包进行安装。安装后就可以运行"Windows Live 影音制作"工具软件并开始进行影音制作了。

（1）打开"Windows Live 影音制作"工具软件，单击"影音制作"按钮，从下拉菜单中选择"新建项目（Ctrl+N)"命令，新建一个影音项目，如图 6-63 所示。

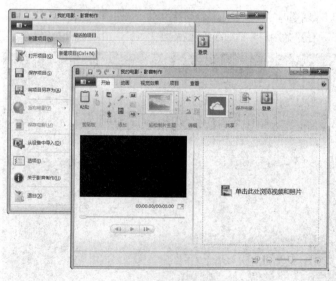

图 6-63　新建影音项目

（2）单击"单击此处浏览视频和照片"链接，弹出"添加视频和照片"对话框，选中准备好的图片，单击"打开"按钮，添加静态图片素材，如图 6-64 所示。

图 6-64　添加静态图片素材

（3）在"开始"选项卡的"添加"选项组中，单击不同的功能按钮，可以分别添加视频、图片、音频等影音素材，而且可以把这些素材添加在不同的位置，如图 6-65 所示。添加图片、影音素材后，便可以进行影音制作了。

图 6-65　添加图片和影音素材

6.5.2　添加片头与片尾

将影音素材导入"Windows Live 影音制作"工具软件后，可以在影音文件中添加片头与片尾、画面字幕、背景音乐等内容。

（1）添加片头和片尾。

将插入点定位在影音文件开始位置，在"开始"选项卡的"添加"选项组中单击"片头"按钮，在工作区左侧窗格中输入片头文字，如"城市老建筑欣赏"，编辑字体格式，如图6-66所示。用同样的方法可以添加片尾。

图6-66　添加片头

（2）添加字幕。

为加强播放效果，可以为图片、视频添加字幕，如为第一幅图片添加字幕"城市老街"。将插入点定位到要添加字幕处，在"开始"选项卡的"添加"选项组中单击"描述"按钮，在工作区左侧窗格中输入要添加的字幕，如"城市老街"，并编辑字体格式。添加字幕后可以随时单击左侧窗格"播放"按钮，观看设置效果。

（3）设置播放效果。

添加片头和片尾后，在"格式"选项卡中，可以设置片头或片尾的背景颜色、播放的时长；在"动画"选项卡中可以设置播放时片头、片尾的动画效果。

（4）添加背景音乐。

在"开始"选项卡的"添加"选项组中单击"添加音乐"按钮，选择"添加音乐"选项，打开"添加音乐"对话框，选择要添加的背景音乐类型，如选择"解说配乐"，则为整个影音文件添加背景配音解说。添加的背景音乐时长应与片长等长。

> **提示**
>
> 如果要使插入的音乐文件与影音文件播放的时长相同，即在影音文件播放结束后音乐文件也同时结束，则可以在"项目"选项卡中单击"匹配音乐"按钮。

6.5.3　设置动画效果

为使影音文件播放得美观、顺畅，可以设置动画效果。

（1）影音文件往往是由多个剪辑片段连接起来的，直接播放会显得很生硬、不流畅。为使剪辑片段之间过渡平稳，可以通过选中要设置动画的素材，在"动画"选项卡中设置"过渡特技"或"平移和缩放"来实现动画效果，如图 6-67 所示。

图 6-67　设置动画效果

　　设置动画效果后，可以设置动画效果的播放时长，也可以切换到"视觉效果"选项卡，设置播放的视觉效果。此外，还可以为每个素材单独设置播放效果，也可以在功能区单击"全部应用"按钮为所有素材设置相同的播放效果。

　　（2）如果素材中添加了视频文件，则可以在"视频工具"选项卡中的"编辑"选项组中设置视频的淡入/淡出效果、播放速度和播放时长等，如图 6-68 所示。

图 6-68　"视频工具"选项卡

　　（3）如果影音文件中包含音乐，则可以在"音乐工具"选项卡中的"选项"选项组中设置音乐的音量、淡入/淡出效果及播放的起止时间等，如图 6-69 所示。

图 6-69　"音乐工具"选项卡

6.5.4 保存影音文件

影音文件制作完成后，单击"影音制作"按钮，在弹出的子菜单中选择"保存电影（M）"命令，在"保存电影（M）"子菜单中选择要保存的选项，如图 6-70 所示，如保存为"高清晰度（720p）（I）""标准清晰度（S）"等，打开"保存电影"对话框，输入影音文件名后单击"保存"按钮。

图 6-70　"保存电影（M）"子菜单

 提示

在保存影音之前，可以确定要保存的影音屏幕的显示纵横比，在"项目"选项卡中可以选择"宽屏（16∶9）"或"标准（4∶3）"进行设置。

 试一试

使用"Windows Live 影音制作"工具软件创建一个影音文件。

（1）搜集一些在学校生活、学习的图片和视频片段。

（2）将至少 5 张照片导入"Windows Live 影音制作"工具软件。

（3）将视频片段分别插入图片之间。

（4）分别添加"我的校园生活""班级信息"等片头，以及"片尾制作人""制作年份"等片尾。

（5）分别给影音文件中的图片和视频添加文字说明，要求字体格式合理。

（6）为影音文件添加背景音乐，背景音乐使用要合理。

（7）设置片头、片尾、图片、视频之间的动画效果。

（8）以"高清晰度（1080p）（H）"保存制作的影音文件。

相 关 知 识

Windows 录音机软件和 Windows Media Center 简介

1．使用录音机软件录制声音

使用 Windows 提供的录音机软件可以录制声音，并将录制好的声音作为音频文件保存在计算机上。

使用录音机软件录制声音之前，应确保有音频输入设备（如麦克风）连接到计算机。录制声音操作步骤如下。

（1）单击"开始"→"所有程序"→"附件"→"录音机"命令，弹出"录音机"对话框，如图 6-71 所示。

图 6-71 "录音机"对话框

（2）单击"开始录制（S）"按钮，此时对着麦克风讲话就可以录音了。若要停止录制，则单击"停止录制"按钮。

（3）如果要继续录制，则单击"另存为"对话框中的"取消"按钮，然后单击"继续录制"按钮。

（4）录制结束后，单击"停止录制"按钮，在"文件名"文本框中为录制的声音输入文件名，然后单击"保存"按钮，将录制的声音另存为音频文件，默认的扩展名为.wma。

2．Windows Media Center 简介

Windows Media Center 是一个多媒体娱乐中心，如图 6-72 所示，它是一种运行于 Windows 7 系统上的多媒体应用程序。除能够提供 Windows Media Player 的全部功能外，它还在娱乐功能上进行了全新的打造，用户可以在计算机，甚至是电视上享受丰富多彩的数字娱乐，包括以电影或幻灯片形式观看图片、浏览并播放音乐、播放 DVD、收看并录制电视节目、下载电影、放映家庭视频等，还可以将喜欢的节目刻录成 CD 或 DVD。

图 6-72 Windows Media Center 界面

（1）在 Windows Media Center 界面中选择"图片+视频"选项，单击"图片库"选项，选择要查看图片的文件夹，单击要查看与欣赏的图片即可播放图片，如图 6-73 所示。单击下方的"播放"按钮，可以以幻灯片方式播放图片。

图 6-73　播放图片

（2）在 Windows Media Center 界面中选择"音乐"选项，可以在音乐库中选择音乐进行播放，如图 6-74 所示。

图 6-74　播放音乐

（3）在 Windows Media Center 界面中选择"电影"选项，可以播放视频，如图 6-75 所示。

图 6-75　播放视频

思考与练习 6

一、填空题

1．Windows 7 提供的一个图像处理工具软件，通过它绘制一些简单的图形，还可以处理图片，这个工具软件是_____。

2．在 Windows 7 "运行"文本框中，输入_____，然后单击"确定"按钮，即可打开"画图"窗口。

3．使用画图工具软件选取一个矩形区域，可以在_____选项组中选择"矩形"工具进行绘制。

4．在画图工具软件中，绘制一个正圆，应选择_____选项的组中的_____工具并按住_____键绘制。

5．使用画图工具软件翻转/旋转图片，可以按_____、_____、_____、_____或_____方向进行。

6．按住_____键，拖曳选定的图片区域，即可复制图片。按住_____键再拖曳被选定的图片，则在移动轨迹上复制选定的图片。

7．使用 Windows 7 提供的画图工具软件可以调整图片的大小和倾斜方向，调整大小操作分为_____、_____方向，倾斜方向分为_____、_____方向。

8．Windows 7 中的截图工具软件的主要功能包括任意形状截图、_____截图、_____截图及_____截图。

9．Windows Media Player 是 Windows 集成的一个多媒体播放软件，可以播放_____文件和_____文件。

10．使用 Windows Media Player 对 CD 的操作包括从 CD 上复制音乐、_____等。

11．_____工具软件，可以将声音、图片及各种视频文件进行编辑和整理，制作出影音片段，并可以编辑、添加音频文件。

12．使用"Windows Live 影音制作"工具软件中的_____可以对照片进行剪裁、修正、颜色等处理。

13．使用"Windows Live 影音制作"工具软件中_____可以将图片、视频、音乐制作成数字电影。

14．运行于 Windows 7 系统上的多媒体娱乐中心为_____，它除具有 Windows Media Player 的全部功能外，还可以以电影或幻灯片形式观看图片、浏览并播放音乐、播放 DVD、收看并录制电视节目、下载电影、放映家庭视频。

二、选择题

1．多媒体计算机处理的信息类型有（　　）。

    A．文字、数字、图形　　　　　　　　B．文字、数字、图形、图像、音频、视频

    C．文字、数字、图形、图像　　　　　　D．文字、图形、图像、动画

2．下列程序不属于 Windows 7 附件工具的是（　　）。

    A．计算器　　　　　B．记事本　　　　　C．画笔　　　　　D．Windows Live 照片库

3．在画图工具软件中绘制一个圆，需要按住（　　）键进行绘制。

    A．Ctrl　　　　　　B．Shift　　　　　　C．Alt　　　　　　D．Tab

4．使用画图工具软件，（　　）。

    A．可以将黑白图片转换成彩色图片

B．可以将彩色图片转换成黑白图片

C．既可以将黑白图片转换成彩色图片，也可以将彩色图片转换成黑白图片

D．以上都不对

5．下列不是 Windows Media Player 实现的功能是（　　）。

A．播放 MP3　　　　B．播放 VCD　　　　C．添加歌词　　　　D．录制电影

6．如果要获取屏幕的一个窗口图像，可以使用的工具软件是（　　）。

A．截图工具　　　　　　　　　　　B．Windows Media Player

C．Windows Live 照片库　　　　　D．Windows Live 影音制作

7．下列对图片进行的处理中，不能通过"Windows Live 影音制作"工具软件的"照片库"实现的功能是（　　）。

A．剪裁图片　　　B．调整颜色　　　C．合成图片　　　D．调整曝光

8．使用"Windows Live 影音制作"工具软件可以在影音中添加（　　）。

A．画面字幕　　　B．片头和片尾　　　C．背景音乐　　　D．视觉效果

9．保存画图工具软件建立的文件时，默认的扩展名为（　　）。

A．.png　　　　　B．.bmp　　　　　C．.gif　　　　　D．.jpeg

10．写字板是一个用于（　　）的应用程序。

A．图形处理　　　B．文字处理　　　C．程序处理　　　D．信息处理

11．Windows 7 中录音软件录制的声音文件默认的扩展名为（　　）。

A．.mp3　　　　　B．.wav　　　　　C．.wma　　　　　D．.rm

三、简答题

1．在画图工具软件中如何绘制 45 度倾斜直线、正方形、圆和圆角正方形？

2．如何使用 Windows 7 截图工具软件获取屏幕窗口图像？

3．如何使用"Windows Live 影音制作"工具软件的"照片库"消除图片中的红眼？

4．如何在 Windows Media Player 中创建播放列表？

5．如何使用"Windows Live 影音制作"工具软件在创作影音过程中插入背景音乐？

6．常见的视频文件的格式有哪些？

四、操作题

1．使用画图工具软件打开一幅图片，将图片分别进行水平翻转、垂直翻转及按一定角度旋转。

2．使用画图工具软件将图片分别进行拉伸比例和扭曲角度等操作。

3．使用画图工具软件使图片呈反色显示，并将两幅图片进行对比。

4．使用画图工具软件绘制一个奥运五环标记。

5．使用画图工具软件分别绘制水平线、正方形、圆和圆角正方形，并以形状命名，保存到 D 盘根目录。

6．使用截图工具软件截取一幅照片的一部分。

7．使用"Windows Live 影音制作"工具软件的"照片库"对自己的一张照片进行修饰，包括调整曝光度、颜色等。

8．使用 Windows Media Player 将自己喜爱的歌曲创建一个播放列表，然后再进行播放。

9．使用 Windows Media Player 复制 CD 上的音乐。

10．搜集一些自己的照片、视频，使用"Windows Live 影音制作"工具软件将其创作为数字电影。

第7章 Windows 7 软硬件管理

学习任务

➢ 能够安装常见的应用软件
➢ 能够设置默认关联程序
➢ 能够安装设备应用程序
➢ 能够更新或卸载设备驱动程序

用户可以利用计算机完成各种工作。例如，用户在一台计算机中安装了 Windows 7 操作系统后，如果要进行文字处理，通常还需要安装 Microsoft Office Word 等应用软件。计算机除配置基本的硬件外，根据用户的工作需求，一般还要配置其他的设备。例如，连接网络需要安装网卡；播放多媒体音乐需要安装声卡、音箱；打印资料需要安装打印机等。

7.1 应用软件的安装与管理

问题与思考

☑ 你能够从网上下载应用程序并安装到计算机上吗？
☑ 如果某个应用程序不再使用，是否可以直接删除或卸载？

7.1.1 安装应用软件

Windows 操作系统下的应用软件非常多，主要包括操作系统、办公软件、图像处理、解压缩、媒体播放、即时通信、安全杀毒、系统工具、网络游戏等。每款应用软件的安装方式不完全相同，但基本上都包括选择安装路径、阅读许可协议、定义选项、选择安装组件等环节。

1. 直接运行安装程序

很多应用软件是通过直接运行 setup 文件来进行安装的，也有一些应用软件特别是从网上下载的软件，安装程序名往往就是该应用程序名。下面以安装"暴风影音"多媒体播放器为例，介绍应用软件的一般安装方法。

【例7.1】在计算机上安装"暴风影音5"多媒体播放器，以便播放影音文件。

(1) 从暴风影音公司官方网站下载"暴风影音5"多媒体播放文件，解压缩后，文件名为"暴风影音5.exe"，双击该安装文件，弹出"开始安装"对话框，根据安装向导进行安装，如图7-1所示。

(2) 单击"开始安装"按钮，弹出"自定义安装设置"对话框，根据实际情况选择安装路径和安装选项，如图7-2所示。

图7-1　"开始安装"对话框　　　　　　　　图7-2　"自定义安装设置"对话框

(3) 单击"下一步(N)"按钮，弹出选择安装组件对话框，如图7-3所示，选择后单击"下一步(N)"开始安装。

(4) 安装完成后，可以立即进行体验，欣赏电影或播放影音文件，效果如图7-4所示。

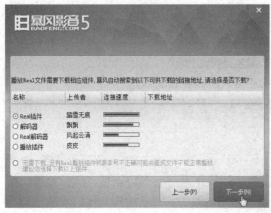

图7-3　选择安装组件对话框　　　　　　　　图7-4　播放影音文件

至此，完成"暴风影音"多媒体播放器的安装。通过单击"开始"→"所有程序"命令，可以查看安装的"暴风影音"的相关文件，包括"暴风看电影""暴风新闻"等。

2．解压缩后安装

有些应用软件的所有程序包含在一个压缩文件中，需要解压缩后再使用。常用的解压缩软件为 WinRAR，常见的压缩文件后缀名为.rar、.zip。解压缩后可以直接单击其中的应用软件进行安装操作，或者再运行应用软件进行安装。WinRAR 解压缩软件窗口如图 7-5 所示。

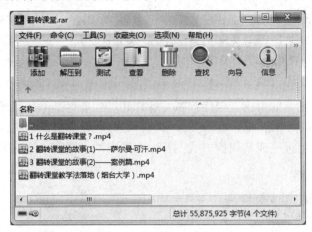

图 7-5　WinRAR 解压缩软件窗口

另外，某些应用软件可以直接运行其所在光盘中的安装文件进行安装，如 Microsoft Office 2010、硬件驱动程序、工具软件等。

软件的安装步骤基本相同，但个别软件可能有安装顺序的要求，有些特殊软件不能用常规的方法安装，如事先要安装辅助软件等。如果有说明书，则需按照说明书上正确的安装方法进行安装，同时应仔细查看安装盘上附带的软件。

> **提示**
>
> 软件加密狗是一种插在计算机并行口或 USB 口的软硬件结合的加密产品。如果某应用软件自带加密狗，则在运行该软件时，需将该加密狗插在计算机接口，如果没有它，则软件无法登录运行，它是维护软件版权的保护措施。

7.1.2　运行应用软件

运行应用软件的方法比较简单，很多软件安装完成后在桌面生成一个快捷方式，运行时直接双击桌面快捷方式即可；另一种方法是从"开始"菜单运行，单击"开始"→"所有程序"命令，找到要运行的程序后直接单击即可。

如果安装和使用的应用软件版本过于陈旧，在 Windows 7 系统中运行就可能出现不兼容的问题，这时就需要根据软件对应的操作系统版本来选择兼容模式，具体操作方法如下。

（1）右击应用软件的快捷方式图标，在弹出的快捷菜单中单击"属性"命令，弹出"属性"对话框。

（2）选择"兼容性"选项卡，选择"以兼容模式运行这个程序"复选框，再从下拉列表中选择合适的操作系统版本，如图 7-6 所示。

（3）单击"确定"按钮，然后再次尝试运行该软件。

提示

如果当前 Windows 7 的用户账户控制级别处于默认，为了避免应用程序无法与其兼容，建议选中"属性"对话框中的"以管理员身份运行此程序"复选框，单击"更改所有用户的设置"按钮，可以使上述设置对所有用户账户都有效。

出于对安全方面因素的考虑，当用户执行操作超过当前标准系统管理员权限范围时，就会弹出"用户账户控制"对话框，要求提升权限，这时应以高级管理员的权限运行程序。具体操作方法是右击应用程序或其快捷方式图标，在弹出的快捷菜单中选择"以管理员身份运行（A）"，如图 7-7 所示。

图 7-6　设置程序的兼容性

图 7-7　选择"以管理员身份运行（A）"

如果想从系统任务栏中以管理员权限运行应用程序，则需要首先按住 Shift 键，再右击任务栏中相应的程序图标，选择"以管理员身份运行（A）"；也可以按住 Ctrl+Shift 组合键，再单击任务栏上的程序图标，同样可以以管理员身份运行程序。

除使用管理员身份运行应用程序外，还可以以其他用户身份运行应用程序，其具体操作方法是按住 Shift 键，右击程序或快捷方式图标，在快捷菜单中选择"以其他用户身份运行（F）"，如图 7-8 所示，在弹出的"Windows 安全"对话框中输入账户名和密码，再单击"确定"按钮，如图 7-9 所示。

图 7-8　选择"以其他用户身份运行（F）"

图 7-9　"Windows 安全"对话框

按住 Ctrl+Shift+Esc 组合键，打开"Windows 任务管理器"窗口，如图 7-10 所示，可以看到该程序正以其他用户身份运行。

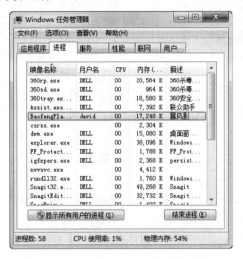

图 7-10　"Windows 任务管理器"窗口

7.1.3　卸载应用软件

在 Windows 中，除绿色软件可以通过删除直接卸载外，其他应用软件必须运行软件自带的卸载程序或使用工具软件、Windows 提供的删除程序来卸载。

使用 Windows 提供的删除程序卸载应用软件的操作步骤如下。

（1）单击"开始"→"控制面板"→"程序和功能"选项，打开"卸载或更改程序"列表窗口。

（2）右击要卸载的应用程序，如右击"暴风看电影"，单击弹出的"卸载/更改（U）"命令，如图 7-11 所示。

（3）在弹出的对话框中选择"直接卸载"单选项，如图 7-12 所示，单击"下一步（N）"按钮，根据提示进行操作。

最后完成应用程序的卸载。

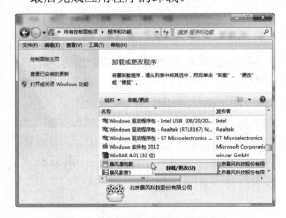

图 7-11　选择要卸载的应用程序

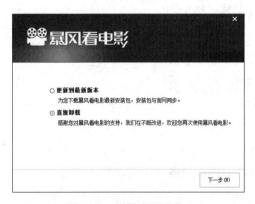

图 7-12　卸载应用程序

 **试一试**

（1）试从 Internet 上下载一个"QQ 音乐"播放器，并安装到计算机上。

（2）卸载计算机上不再使用的一个应用软件。

相 关 知 识

绿色软件简介

绿色软件是指一类小型软件，多数为免费软件，最大的特点是软件无须安装便可使用，可存放于闪存中，删除后也不会将任何记录（注册表消息等）留在计算机上。通俗地讲，绿色软件就是指下载后不用安装便可直接使用的软件。绿色软件不会在注册表中留下注册表键值，相对于一般的软件来讲，绿色软件对系统几乎没有影响，所以是很好的一种软件类型。

绿色软件一般有如下特征：①不对注册表进行任何操作（或只进行非常少的、一般能理解的操作，典型的是开机启动。少数也进行一些临时操作，一般在程序结束前会自动清除写入的信息）；②不对系统敏感区进行操作（敏感区包括系统启动分区、安装目录（如 Windows 目录）、程序目录（如 Program Files）、账户专用文件夹等）；③不向自身所在目录外的目录进行任何操作；④软件运行时不对除本身所在目录外的任何文件产生影响；⑤软件卸载简单，只要把软件所在目录和对应的快捷方式删除就能完成卸载过程，计算机中不留任何垃圾；⑥不需要安装，随意复制就可以使用（重装操作系统也可以）。

请到正规的网站上下载安全的绿色软件，以防系统中病毒。知名的绿色软件下载站点有绿色家园（http://www.downg.com/）、绿色软件联盟（http://www.xdowns.com）等。

7.2 设置默认访问程序

 问题与思考

☑ 在打开文件夹时，有的文件带扩展名，有的文件不带扩展名，这是怎么回事？

☑ 在打开图片文件时，为什么有的默认使用"Windows 照片查看器"打开，有的使用"画图"工具软件打开，还有的使用"Windows Live 照片库"打开？

当系统中安装了多个功能相似的程序后（如查看图片时可以使用"Windows 照片查看器"、"Windows Live 照片库"、"画图"工具软件等），应该合理分配打开文件时默认的访问程序，以避免程序之间的相互冲突，同时也能使不同程序各尽所能。

7.2.1　设置默认程序

通过 Windows 7 系统的"默认程序"功能，可对文件所关联的默认程序进行灵活管理。

【例7.2】设置"Windows 照片库"应用程序管理的默认值。

(1) 单击"开始"按钮，在弹出的"开始"菜单中单击"默认程序"命令，打开"默认程序"窗口，如图 7-13 所示。

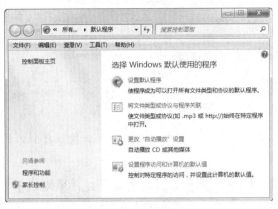

图 7-13　"默认程序"窗口

(2) 单击"设置默认程序"链接，打开"设置默认程序"窗口，如图 7-14 所示，左侧窗格中的列表框中显示了 Windows 系统自带程序及用户自行安装的一些功能类似的第三方应用程序。

图 7-14　"设置默认程序"窗口

(3) 选择要设置的应用程序选项，如选择"照片库"，单击右侧窗格中的"将此程序设置为默认值 (S)"选项，如图 7-15 所示。

图 7-15　设置为默认程序

（4）单击"确定"按钮，设置完成后，再次查看或编辑图片时将自动关联到"Windows 照片库"。

（5）如果要为不同的协议分配不同的应用程序，则可以选中"选择此程序的默认值(C)"选项，再勾选要关联的其他选项，选择完毕后单击"确定"按钮即可。

7.2.2　设置应用程序的关联

设置文件与应用程序的关联一般可以通过更改文件属性的方式来实现。在 Windows 7 系统中，可以选择将文件进行直接关联。

（1）单击"开始"按钮，选择"默认程序"命令，在"默认程序"窗口（如图 7-13 所示）中选择"将文件类型或协议与程序关联"选项，出现可供关联的文件类型或协议列表，如图 7-16 所示。

图 7-16　可供关联的文件类型或协议列表

（2）从列表中选择要更改关联程序的文件或协议，如选择文件类型为"MP4 文件"选项，当前默认的关联程序为"暴风影音 5"，单击"更改程序…"按钮，弹出"打开方式"对话框，如图 7-17 所示。

图 7-17　"打开方式"对话框

（3）选择一个默认打开的应用程序，如选择"Windows Media Player"选项，单击"确定"按钮。

（4）如果在列表中没有出现需要的程序，则可单击"浏览（B）…"按钮，再将所需的程序添加到列表中。

7.2.3　设置自动播放功能

Windows 7 系统会根据设备的类型来决定是否可以运行自动播放功能。对于包含可执行程序的光盘则保留自动执行功能，对于 USB 移动设备则会屏蔽可自动运行的程序，从而避免恶意程序乘虚而入。Windows 7 还提供了对设备自动播放功能的集中管理，可以根据设备所包含的不同媒体文件类型分别定制默认的自动播放程序，具体操作方法如下。

（1）单击"开始"按钮，选择"默认程序"命令，在"默认程序"窗口（如图 7-13 所示）中选择"更改'自动播放'设置"选项，打开"自动播放"窗口，如图 7-18 所示。

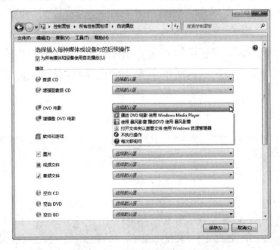

图 7-18　"自动播放"窗口

（2）单击相应的媒体文件类型，在其右侧的下拉列表中选择一种自动执行操作，然后单击"保存（S）"按钮。

（3）如果想还原自动播放的默认值，则单击窗口下面的"重置所有默认值（R）"按钮即可。

7.2.4　打开系统功能

在 Windows 7 中，当需要添加某些系统功能时，可能会遇到类似插入光盘的提示信息，需要经过烦琐的操作才能关闭。Windows 7 中可以方便地打开或关闭系统功能。

（1）打开"控制面板"窗口，单击"程序和功能"→"打开或关闭 Windows 功能"选项，打开"打开或关闭 Windows 功能"窗口，如图 7-19 所示。

图 7-19　"打开或关闭 Windows 功能"窗口

（2）勾选要开启的系统功能复选框，如选择"Internet 信息服务"选项，单击"确定"按钮。

（3）系统开始自动执行用户所做的更改，更改后系统要求重新启动计算机。

关闭系统功能的操作步骤与打开系统功能的操作步骤基本相同，在如图 7-19 所示的窗口中，取消选中的复选框即可。对于不熟悉的系统功能不能随便关闭，否则可能导致系统无法正常运行。

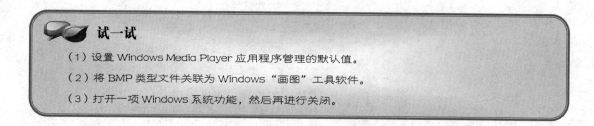

试一试

（1）设置 Windows Media Player 应用程序管理的默认值。

（2）将 BMP 类型文件关联为 Windows "画图"工具软件。

（3）打开一项 Windows 系统功能，然后再进行关闭。

7.3　安装设备驱动程序

☑ 购买硬件设备后，连接到计算机中就可以直接使用吗？
☑ 如何安装打印机及其驱动程序？

　　驱动程序是用于操作系统与硬件设备之间通信的特殊程序，相当于操作系统与硬件之间的接口，操作系统只有通过这个接口，才能控制硬件设备的工作，假如某设备的驱动程序未能正确安装，则该设备便不能正常工作。因此，驱动程序可以说是硬件和操作系统之间的"桥梁"。

7.3.1　设备驱动程序

　　设备驱动程序在操作系统中所占的地位十分重要，当操作系统安装完毕后，首要的任务便是安装硬件设备的驱动程序。不过，大多数情况下，用户并不需要安装所有硬件设备的驱动程序。例如，硬盘、显示器、光驱、键盘、鼠标等设备就不需要安装驱动程序，而扫描仪、摄像头等设备就需要安装驱动程序。另外，不同版本的操作系统对硬件设备的支持也是不同的，一般情况下，版本越高所支持的硬件设备也越多。例如，Windows 7 操作系统可以自动查找和安装大部分硬件设备的驱动程序。

　　Windows 7 操作系统相比以往版本的 Windows 操作系统在驱动程序方面有了很大改进，不仅为操作系统带来了稳定的运行状态，而且同时在驱动程序安装方式上也降低了用户操作的复杂性。

1．驱动程序运行方式的改进

　　在 Windows 7 之前版本的操作系统中，设备驱动程序全部运行在系统内核模式下，很容易影响 Windows 操作系统的稳定性，之前版本中遇到的蓝屏故障大多是由于驱动程序运行出现故障引起的。另外，由于驱动程序需要在操作系统内核运行，所以当用户完成一个设备驱动程序的安装后，必须重新启动计算机后新安装的驱动程序才能生效。

　　而在 Windows 7 操作系统中，驱动程序不再运行于操作系统内核，而是加载于用户模式下，这样就可以避免驱动程序故障对操作系统运行造成影响。同时，驱动程序运行在用户模式下可以极大地改善安装驱动程序的用户体验。当用户在 Windows 7 中手动安装声卡、显卡等设备的驱动程序后，无须重新启动计算机，设备便可以立即工作。

　　改进后的驱动程序运行方式除具有上述提到的优势外，在日常使用 Windows 7 时用户也能够从中受益。例如，对系统音量调节时，如果有多个音乐或视频在同时播放，无疑会对用户造成干扰。在 Windows 7 中遇到这种情况时，可以首先单击任务栏通知区域的音量图标，然后在音量调节浮动面板下侧单击"合成器"链接，弹出"音量合成器"对话框，如图 7-20 所示。在该对话框中就可以对每个应用程序的音量进行单独调节或设置为静音。

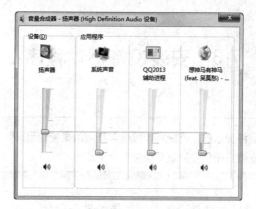

图 7-20   "音量合成器"对话框

2. 驱动程序安装方式的改进

当前使用的 Windows 7 操作系统中集成了大量的设备驱动程序，一般在安装设备时操作系统能够自动安装驱动程序。但由于硬件设备的发展速度远快于 Windows 操作系统的版本更新速度，一个已开发完成的 Windows 操作系统不能加入后续推出的硬件产品的驱动程序。因此，在实际情况中，需要用户手动安装驱动程序。

在 Windows 7 操作系统中，只要安装好网卡驱动程序，连接 Internet 后，利用 Windows Update 检查更新，下载并安装设备驱动程序即可。

7.3.2   安装打印机

打印机的使用非常普及和方便，通过 Windows 7 全新的"设备和打印机"功能，用户可以非常直观地了解当前与计算机连接的打印机等外部设备，并能够方便地管理这些设备。单击"开始"按钮，选择"设备和打印机"命令，在打开的"设备和打印机"窗口中可以看到当前与计算机连接的设备，并以实际物理外观的图标形式呈现，如图 7-21 所示。

图 7-21   "设备和打印机"窗口

通过识别物理设备外观，可以方便地找到需要访问的设备。例如，有多个 U 盘时，可以方便地找到其中的一个。下面介绍安装打印机的一般方法。

连接计算机的打印机分为并行接口和 USB 接口。安装 USB 接口的打印机比较简单，只需连接好 USB 数据线和打印机电源，系统便会自动搜寻并安装驱动程序。如果找不到安装程序，则系统会提示用户指定安装程序，然后自动完成安装。

【例 7.3】现有一台 HP Laserjet 5200 型号打印机，在 Windows 7 中安装该打印机。

(1) 将打印机的数据线连接到计算机的接口上，然后接通电源打开打印机。

(2) 单击＂开始＂按钮，选择＂设备和打印机＂命令，打开＂设备和打印机＂窗口，如图 7-21 所示，单击工具栏中的＂添加打印机＂选项，弹出＂添加打印机＂对话框，如图 7-22 所示。

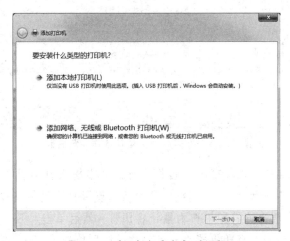

图 7-22　＂添加打印机＂对话框

(3) 单击＂添加本地打印机 (L) ＂选项，弹出＂选择打印机端口＂对话框，如图 7-23 所示，从＂使用现有的端口 (U) ＂右侧的下拉列表中选择要使用的打印机端口，单击＂下一步 (N) ＂按钮。

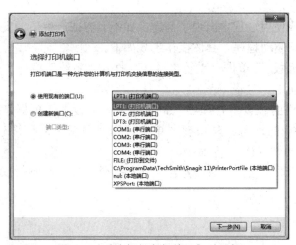

图 7-23　＂选择打印机端口＂对话框

（4）在弹出的〝安装打印机驱动程序〞对话框中的〝厂商〞和〝打印机〞列表框中，分别选择打印机厂商和型号，如图7-24所示，如果列表框中没有所使用的打印机类型，则单击〝从磁盘安装（H）...〞按钮选择从磁盘安装驱动程序，然后单击〝下一步（W）〞按钮。

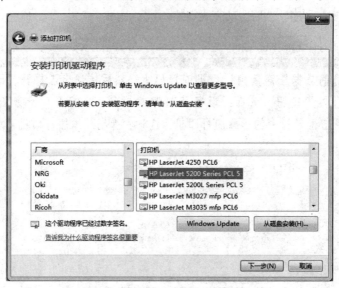

图7-24　〝安装打印机驱动程序〞对话框

（5）既可以在出现的〝键入打印机名称〞对话框中输入打印机的名称，也可以保持默认的名称，然后单击〝下一步（N）〞按钮，开始自动安装打印机驱动程序。

（6）安装完毕后，选择该打印机作为默认打印机，然后单击〝下一步（N）〞按钮，可以单击〝打印测试页〞按钮测试打印机能否正常打印，最后单击〝完成〞按钮，结束安装打印机工作。

安装好打印机后，就可以使用该打印机打印资料了。

7.3.3　禁用或卸载设备

如果设备在安装或使用过程中出现了问题，如不兼容或产生了冲突，则需要禁用或卸载该设备，或者更新设备驱动程序。具体操作步骤如下。

（1）打开"控制面板"，单击"系统"链接，打开"系统"窗口，查看有关计算机的基本信息，如图7-25所示。

（2）单击左侧窗格的"设备管理器"链接，打开"设备管理器"窗口，如图7-26所示，右击要禁用或卸载的设备，从快捷菜单中选择"更新驱动程序软件（P）..."〝禁用（D）""卸载（U）""属性（R）"等命令。

（3）禁用或卸载所选设备后，系统给出确认是否禁用或卸载所选设备的提示信息，分别如图7-27和图7-28所示。

图 7-25　查看有关计算机的基本信息

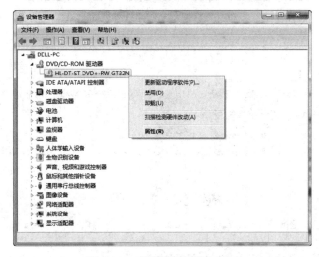

图 7-26　"设备管理器"窗口

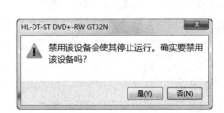

图 7-27　确认禁用设备提示信息

图 7-28　确认卸载设备提示信息

　　如果禁用该设备，则在该设备列表图标左侧标注"！"；要想再次启用该设备，则只需在"设备管理器"窗口中右击该设备图标，从快捷菜单中选择"启用"命令即可。

　　如果选择"卸载"命令，则该设备将从"设备管理器"窗口列表中被删除；再次使用时可以在"设备管理器"窗口单击"操作"命令，执行"扫描检测硬件改动（A）"命令即可。

　　如果要更新设备驱动程序，则从设备的快捷菜单中选择"更新驱动程序软件（P）…"命令，在弹出的"更新驱动程序软件"对话框中选择安装驱动程序的方式，如图 7-29 所示。

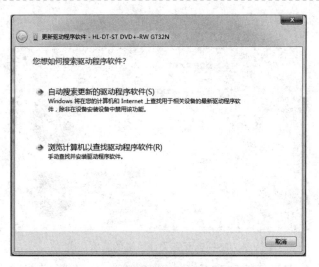

图 7-29　"更新驱动程序软件" 对话框

（1）检查你所使用的计算机是否已经安装声卡，如果已经安装声卡，则更新其驱动程序（可以首先从网上查找有无最新的驱动程序后再更新）。

（2）在你使用的计算机上安装一台打印机的驱动程序。

相 关 知 识

安装网卡

目前，大部分硬件属于即插即用设备，在台式机安装网卡比较简单，但也应该注意以下事项。

首先，检查网卡是否已经正确插入计算机插槽中。如果网卡没有紧密地插入插槽中，或者网卡和插槽位置有明显偏离，再或者网卡金手指上有严重的氧化层，都会导致网卡无法被计算机正确识别，这就无法安装网卡。

如果计算机中同时还插有其他类型的插卡，则应尽量使网卡和这些插卡之间保持一定的距离，不能靠得太近，否则网卡在工作时就比较容易受到来自其他插卡的信号干扰，特别是在计算机频繁地与网络交换大量数据时，网卡受到外界干扰的现象就更明显，这样很容易导致网络传输效率下降。

其次，检查网卡驱动程序是否与所安装的网卡一致。如果驱动程序不是其对应版本，或者驱动程序安装系统环境不正确，网卡是不会安装好的。因此，在安装网卡驱动程序时，应尽量选用原装的驱动程序，要是手头没有原装的驱动程序，则可以到网上下载对应型号的最新驱动程序，而且还要确保驱动程序适用于网卡所在的计算机的操作系统。如果计算机的操作系统中已经安装了旧版本的驱动程序，则一定要使用"系统设备管理器"中的设备卸载功能，卸载之前安装的驱动程序，然后再安装新的驱动程序。

思考与练习 7

一、填空题

1．在 Windows 7 中安装应用程序的一般方法包括通过控制面板更新程序、运行安装文件、_____等。

2．在 Windows 7 中删除应用程序通常的方法是运行程序本身自带的卸载程序或通过控制面板的_____窗口卸载程序。

3．常见的压缩文件后缀名为_____、_____。

4．打开"Windows 任务管理器"窗口的组合键是_____。

5．如果要以高级管理员身份运行程序可以按住_____和_____组合键，再单击任务栏上的程序图标。

6．如果"开始"菜单中没有"默认程序"选项，则可以打开"开始"菜单"属性"，通过_____选项添加。

7．如果要打开 Windows 7 系统功能，则可以在_____对话框中进行选项设置。

8．安装即插即用型硬件后，计算机系统一般_____检测并安装相应的驱动程序。

二、简答题

1．如何卸载已安装的应用软件？

2．对于安装在计算机中的硬件，禁用硬件与卸载硬件有什么区别？

3．如何更新网卡驱动程序？

4．在 Windows 7 中如何设置自动播放功能？

三、操作题

1．在教师的指导下卸载计算机中安装的 Microsoft Office，选择安装 Office 2010 组件。

2．从网上下载最新版本的"美图秀秀"图像处理软件并进行安装。

3．从网上下载"迅雷"工具软件并进行安装。

4．如果有扫描仪设备，则将其连接到计算机上。

5．禁用计算机上的视频控制器。

第8章　计算机系统管理与维护

学习任务

➢ 能够使用任务管理器对运行的应用程序或进程进行管理
➢ 能够清理磁盘、整理磁盘碎片、对磁盘进行格式化
➢ 了解文件或文件夹加密的作用，并能够对文件和文件夹进行加密和解密
➢ 能够创建用户账户、设置账户密码、删除账户
➢ 能够还原 Windows 7 系统
➢ 能够备份文件与还原文件
➢ 能够创建系统映像

在使用 Windows 7 系统过程中，需要加强对系统的管理和优化，包括应用程序和进程的管理、用户账户的管理、磁盘的管理、系统性能的优化，以及系统工具的使用，以便系统能够正常稳定地运行。

8.1　任务管理器的使用

问题与思考

☑ 在使用计算机的过程中，是否遇到过由于运行某个程序而出现"死机"的现象？遇到这种情况时应怎样处理？
☑ 如何终止某个应用程序的运行？

任务管理器为用户提供了正在计算机上运行的程序和进程的相关信息，以及 CPU 和内存的使用情况。使用任务管理器可以监视计算机性能，查看正在运行的程序的状态，并终止已停止响应的程序。

启动任务管理器的操作方法包括：右击任务栏的空白处，在弹出的快捷菜单中选择"启动任务管理器"命令；按 Ctrl+Alt+Del 组合键，然后单击"启动任务管理器"按钮，打开如图 8-1 所示的"Windows 任务管理器"窗口。

"Windows 任务管理器"窗口包含菜单栏、选项卡和相关的命令按钮。

图 8-1　"Windows 任务管理器"窗口

8.1.1　管理应用程序

在"Windows 任务管理器"窗口中的"应用程序"选项卡中，可以查看系统当前正在运行的程序及其状态，如图 8-2 所示。用户可以在这个选项卡中关闭正在运行的应用程序或切换到其他应用程序，以及启动新的应用程序。

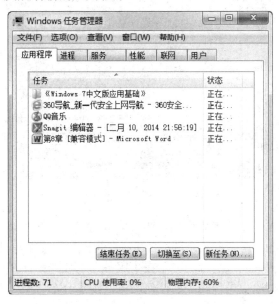

图 8-2　"应用程序"选项卡

在系统运行过程中，如果某个应用程序出错，则有可能出现长时间处于没有响应的状态，此时用户可以在"Windows任务管理器"窗口中的"应用程序"选项卡中选择该程序，单击"结束任务（E）"按钮，终止该程序的运行。

在"应用程序"选项卡中，选择并单击要切换到的程序，然后单击"切换至（S）"按钮，所选择的程序就会成为当前的活动窗口。

单击"新任务（N）…"按钮，打开"创建新任务"对话框，在"打开（O）"文本框中输入或选择要添加的程序的名称，然后单击"确定"按钮，即可启动一个新任务。

8.1.2　管理进程

进程是指一个正在运行的程序或一种服务，是一个动态的过程，而传统的程序本身是一组指令的集合，是一个静态的概念，无法描述程序在内存中的执行情况，即无法从程序的字面上看出它何时执行、何时停顿，也无法看出它与其他执行程序的关系。因此，程序这个静态概念已经不能如实反映程序并发执行过程的特征。为了深刻描述程序动态执行过程的性质，引入了"进程（Process）"这个概念。

在"进程"选项卡中，显示了计算机上正在运行的进程信息，包括进程的映像名称、用户名及所占用的CPU使用时间和内存的使用情况等信息。如果要查看当前计算机上运行的所有进程，则选择"显示所有用户的进程（S）"复选框，结果如图8-3所示。

图8-3　"进程"选项卡

如果要结束某个进程，则选中该进程，然后单击"结束进程（E）"按钮。如果要查看某个进程是否有相关的服务，则右击某个进程，然后在弹出的快捷菜单中选择"转到服务（S）"命令，此时，与该进程相关的服务都会显示在"服务"选项卡中，并处于高亮显示状态，如图8-4所示。如果没有与选中进程相关的任何服务，则不会在"服务"选项卡中突出显示任何服务。

如果要查看某个进程的详细信息，则右击这个进程，然后在弹出的快捷菜单中选择"属性（R）"命令，弹出该进程的"属性"对话框，在该对话框中的"常规"选项卡中可以查看该进程的相关信息，如图 8-5 所示，在"安全"选项卡中可以查看所选进程相关的安全信息，如图 8-6 所示。

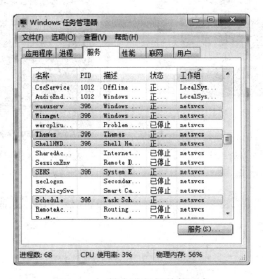

图 8-4　与所选进程相关的服务

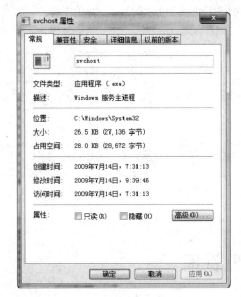

图 8-5　"常规"选项卡

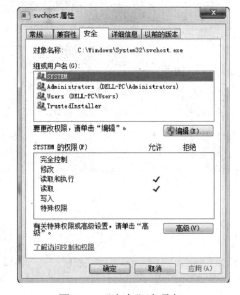

图 8-6　"安全"选项卡

在"Windows 任务管理器"的"性能"选项卡中可以查看计算机使用系统资源的详细信息，包括 CPU 和内存的使用情况等信息，如图 8-7 所示。在"联网"选项卡中可以查看网络连接的详细信息，网络流量以波形图的形式表示出来，可以通过双击缩放波形图，以便更好地查看网络连接的信息，如图 8-8 所示。

在"用户"选项卡中可以查看并管理当前已登录的用户账户，并可以断开或注销某个用户，或者给某个用户发送信息。

图 8-7 "性能"选项卡

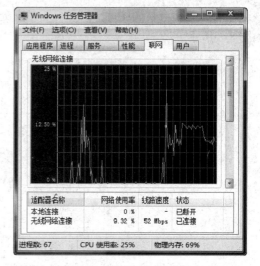

图 8-8 "联网"选项卡

提示

计算机中的服务是一种后台运行的计算机程序或进程，用于提供对其他程序的支持。

试一试

（1）打开"Windows 任务管理器"窗口，选择一个正在运行的应用程序，终止该程序的运行。

（2）选择一个进程，结束该进程的运行。

（3）在"性能"选项卡中查看计算机的性能情况。

（4）在"用户"选项卡中查看当前登录的用户的账户，并给某个用户发送一个问候信息。

8.2 磁盘管理

问题与思考

☑ 计算机运行一段时间后容易产生磁盘"垃圾"，如何清理这些"垃圾"并释放磁盘空间？

☑ 如何对新添加的计算机硬盘进行分区？分区后如何进行磁盘格式化？

磁盘管理是操作系统的一个重要组成部分，是用于管理磁盘的图形化工具。在使用计算机的过程中，要对磁盘进行日常维护，以延长磁盘使用寿命。

8.2.1　磁盘错误检查

通过检查磁盘错误，可以查找并修复文件系统可能存在的错误，以及扫描并恢复磁盘的坏扇区，从而确保磁盘的正常运行，帮助解决计算机中可能存在的问题。

（1）在桌面双击"计算机"图标，打开"计算机"窗口，右击要检查错误的磁盘（如 C:），从弹出的快捷菜单中选择"属性（R）"命令，弹出"本地磁盘（C:）属性"对话框，选择"工具"选项卡，显示常用的硬盘维护工具，包括查错、碎片整理和备份，如图 8-9 所示。

（2）单击"开始检查（C）…"按钮，弹出"检查磁盘"对话框，如图 8-10 所示，根据需要，选择其中的一个或全部选项。

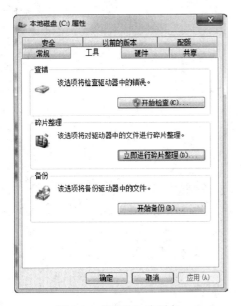

图 8-9　"工具"选项卡

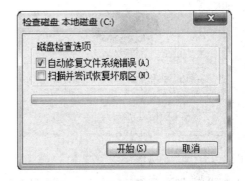

图 8-10　"检查磁盘"对话框

➤ **自动修复文件系统错误（A）**：如果选中该选项，则系统在扫描磁盘的过程中自动修复检测到的文件和文件夹问题。

➤ **扫描并尝试恢复坏扇区（N）**：如果选中该选项，则系统彻底检查磁盘，尝试查找并修复硬盘自身的物理错误。选中此项时，需要花费较长的时间才能完成磁盘检查。

（3）单击"开始（S）"按钮，开始检查磁盘，并显示检查的进程。

检查结束后，会出现"已成功扫描您的设备或磁盘"提示信息。单击"查看详细信息"按钮，在对话框的下方显示详细的信息，并提示该磁盘的文件和文件夹是否存在问题。

8.2.2　磁盘清理

计算机在使用过程中会产生一些临时文件，这些文件会占用一定的磁盘空间并影响系统的运行速度。因此，在计算机使用一段时间后，应对系统磁盘进行清理。

【例8.1】如果计算机系统运行较慢，则应考虑可能是系统中垃圾文件太多，需要对磁盘进行清理。

（1）从桌面双击"计算机"图标，打开"计算机"窗口，右击要清理的磁盘（如 C:），从快捷菜单中选择"属性（R）"命令，弹出"本地磁盘（C:）属性"对话框，选择"常规"选项卡，如图8-11所示。

（2）单击"磁盘清理(D)"按钮，在弹出的"磁盘清理"对话框中系统将显示正在计算当前磁盘中可以释放的空间数量，如图8-12所示。

图8-11　"常规"选项卡

图8-12　"磁盘清理"对话框

（3）计算完成后弹出"（C:）的磁盘清理"对话框，在"要删除的文件（F）:"列表框中选择要清理的文件类型，如图8-13所示。

图8-13　选择要清理的文件类型

（4）单击"确定"按钮，在弹出的删除文件提示框中单击"删除文件"按钮，系统自动清理所选的垃圾文件，清理完毕后系统自动关闭对话框。

8.2.3　磁盘碎片整理

在使用计算机过程中，由于反复写入和删除文件，磁盘中的空闲扇区会分散到整个磁盘不连续的物理位置上，从而使文件不能保存在连续的扇区里。因此，读/写文件时就需要到不同的地方去读取或写入，增加了磁头来回移动的频率，降低了访问磁盘的速度。当使用计算机一段时间后，需要定期对磁盘进行碎片整理，释放磁盘空间，提高计算机的整体性能和运行速度。

（1）打开"计算机"窗口，右击要碎片整理的磁盘（如 C:），从快捷菜单中选择"属性"命令，弹出"本地磁盘（C:）属性"对话框，选择"工具"选项卡，如图 8-14 所示。

（2）单击"立即进行碎片整理（D）…"按钮，弹出"磁盘碎片整理程序"对话框，在"当前状态（U）"列表框中选择要进行碎片整理的磁盘，如图 8-15 所示。

图 8-14　"工具"选项卡

图 8-15　选择要进行碎片整理的磁盘

（3）单击"分析磁盘（A）"按钮，系统对所选的磁盘进行碎片分析，分析结束后显示磁盘碎片的比例，单击"磁盘碎片整理（D）"按钮，系统开始对磁盘进行碎片整理，整理完毕后，单击"关闭（C）"按钮即可。

如果希望按计划的频率或时间对指定磁盘进行碎片整理，则可单击"配置计划（S）"按钮，打开"修改计划"对话框，勾选"按计划运行（推荐）"复选框，指定频率、日期、时间及磁盘即可。

 提示

　　分析磁盘碎片后，如果碎片的比例比较低，则不会影响系统的性能，此时可以不进行碎片整理。只有当磁盘碎片比例比较高时，才需要对磁盘进行碎片整理。

8.2.4 压缩驱动器

利用压缩驱动器的方式，对格式为 NTFS 的驱动器进行压缩，以获得更多的磁盘空间。如果驱动器使用的是 NTFS 文件系统，且需要更多的磁盘空间，则可以按照下面的方法对磁盘进行压缩。

（1）打开"计算机"窗口，右击要压缩的驱动器，如"资料（G:）"盘，从弹出的快捷菜单中选择"属性（R）"命令，弹出"资料（G:）属性"对话框，选择"常规"选项卡，如图 8-16 所示。

（2）勾选"压缩此驱动器以节约磁盘空间（C）"复选框，单击"应用（A）"或"确定"按钮，弹出"确认属性更改"对话框，如图 8-17 所示。

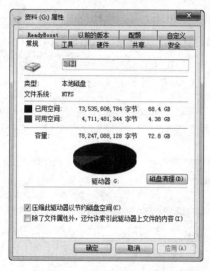

图 8-16 "常规"选项卡

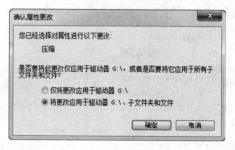

图 8-17 "确认属性更改"对话框

（3）选择"将更改应用于驱动器 G:\、子文件夹和文件"单选项，单击"确定"按钮开始压缩驱动器。

如果压缩的驱动器中文件数量较多，则压缩过程可能需要一段时间。压缩结束后可以在该驱动器的属性对话框中查看可用空间的增加量。

 提示

新技术文件系统（New Technology File System，NTFS）是 Windows 新型的标准文件系统。NTFS 取代了文件分配表（FAT）文件系统，对 FAT 进行了若干改进，提供了长文件名、数据保护和恢复等功能，并通过目录和文件许可实现安全性。NTFS 支持大硬盘和在多个硬盘上存储文件（称为卷），并提供内置安全性特征。

8.2.5 磁盘管理工具

1. 认识磁盘管理工具

使用磁盘管理程序，不仅可以查看磁盘的状态，了解磁盘的使用情况及分区格式，还可以对磁盘进行管理。例如，创建磁盘分区或卷，将卷格式化为 FAT、FAT32 或 NTFS 格式的文件系统。

使用磁盘管理工具的操作步骤如下。

（1）右击桌面上的"计算机"图标，或者单击"开始"按钮，在打开的菜单中右击右侧窗格中的"计算机"命令，从弹出的快捷菜单中选择"管理（G）"命令，打开"计算机管理"窗口，如图 8-18 所示。

（2）选择窗口左侧窗格中的"磁盘管理"选项，则中间窗格显示当前所有磁盘的相关信息。

中间窗格下部显示当前计算机中的磁盘和它们的分区和分卷情况。例如，两块物理磁盘（磁盘 0 和磁盘 1），分别有四个分区和三个分区。通过"查看（V）"菜单选项可以改变"计算机管理"窗口的显示内容和外观。

在 Windows 7 中，几乎所有的磁盘管理操作都能够通过计算机磁盘管理程序来完成，且大多是基于图形用户界面的，并可以进行创建、格式化、删除磁盘分区、更改驱动器号等磁盘管理操作。

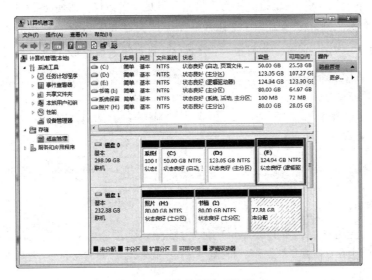

图 8-18　"计算机管理"窗口

2．创建磁盘分区

在计算机中新加磁盘并初始化后，全部空间都未分配。此时，可以使用这些未分配空间创建磁盘分区。对于原来已有磁盘，如果尚有未分配的空间，则也可以创建磁盘分区。

【例 8.2】在计算机"硬盘 1"中有一个分区没有分配磁盘空间，如图 8-18 所示，现把它分为两个分区。

（1）打开如图 8-18 所示的"计算机管理"窗口，右击要进行分区的"磁盘 1"上的未分配的空间，从弹出的快捷菜单中选择"新建简单卷"命令，弹出"新建简单卷向导"对话框，如图 8-19 所示。

（2）单击"下一步（N）"按钮，设置卷的大小，既可以使用全部未分配的空间，也可以指定空间大小，如卷大小为 36000MB，如图 8-20 所示。

图 8-19 "新建简单卷向导"对话框

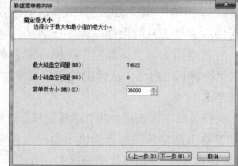

图 8-20 设置卷的大小

（3）单击"下一步（N）"按钮，弹出"分配驱动器号和路径"对话框，选择"分配以下驱动器号（A）"单选项，一般选择默认分配号，如图 8-21 所示。

（4）单击"下一步（N）"按钮，弹出"格式化分区"对话框，如图 8-22 所示。选择"按下列设置格式化这个卷（D）"单选项，"文件系统（F）"选择 NTFS，"分配单元大小（A）"选择"默认值"，"卷标（V）"选择"新加卷"，并选择"执行快速格式化（P）"复选框。

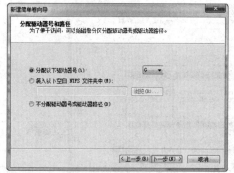

图 8-21 "分配驱动器号和路径"对话框　　图 8-22 "格式化分区"对话框

（5）单击"下一步（N）"按钮，在"已选择下列设置："下的列表框中列出已经选择的设置选项，如图 8-23 所示。

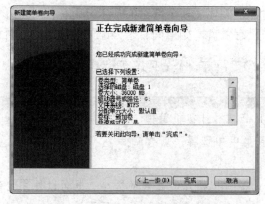

图 8-23 列出已经选择的设置选项

(6) 单击"完成"按钮，开始创建新的分区并对该分区执行快速格式化。格式化完毕后，新建的磁盘分区出现在图形视图中，如图8-24所示。

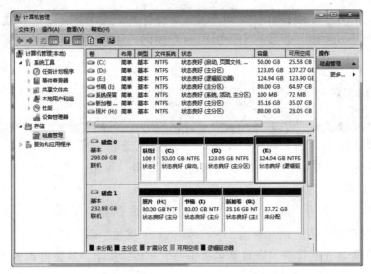

图8-24 新建的磁盘分区

利用同样的方法，可以对未分配的空间进行分区，并设置磁盘分区大小。

3. 删除磁盘分区

如果计算机硬盘中有不再使用的磁盘分区，或者需要重新对硬盘进行分区，则可以将原来的分区进行删除，然后重新创建分区来分配磁盘空间。

（1）打开如图8-24所示的"计算机管理"窗口，右击要删除的磁盘分区，如"磁盘1"中的磁盘分区（G:），在弹出的快捷菜单中单击"删除卷（D）…"命令，如图8-25所示。

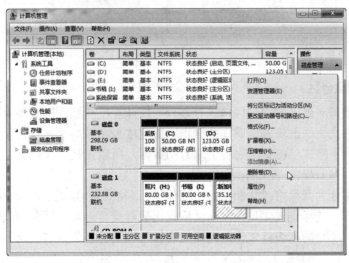

图8-25 删除卷

（2）打开"删除 简单卷"对话框，单击"是"按钮，将该卷删除。

删除卷后，该分区与其他未分配的磁盘空间合并成一个新的未分配的磁盘空间，被删除的磁分区盘中的所有信息同时被删除。

4．扩大磁盘分区

如果当前使用的一个磁盘分区空间不足，需要扩大磁盘分区，则可以通过扩展卷来实现。但前提是在同一磁盘上必须有未分配的磁盘空间，且要扩展的卷必须使用 NTFS 文件系统格式。

【例 8.3】在如图 8-24 所示的计算机"磁盘 1"中有一个未分配的磁盘空间为 37.72GB，现磁盘分区 G 需要扩大空间。

(1) 在如图 8-25 所示的"计算机管理"窗口中，右击要扩展的分区 G，在弹出的快捷菜单中单击"扩展卷"命令，弹出"扩展卷向导"对话框，单击"下一步 (N)"按钮，打开"选择磁盘"对话框，如图 8-26 所示。

(2) 在"选择空间量（MB）（E）"右侧列表中设置要扩展的空间容量。例如，使用"磁盘 1"中全部未分配的空间。单击"下一步 (N)"按钮，提示已经完成扩展卷的设置。

(3) 如果不需要改动设置，则可直接单击"下一步"按钮，系统自动扩展磁盘分区，效果如图 8-27 所示。

图 8-26　"选择磁盘"对话框

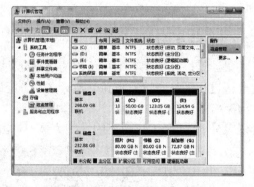

图 8-27　扩展后的磁盘分区

5．格式化磁盘分区

磁盘格式化是指对磁盘的存储区域进行划分，使计算机能够准确无误地在磁盘上存储或读取数据。通过格式化磁盘还可以发现并标识出磁盘中损坏的扇区，以避免在这些损坏的扇区上记录数据。由于格式化将删除磁盘上原有的数据，所以在格式化磁盘之前，要确定磁盘上的数据文件是否需要保留，以免误删除。

硬盘格式化可分为高级格式化和低级格式化，高级格式化是指在 Windows 系统下对硬盘进行的格式化操作；低级格式化是指在高级格式化前对硬盘进行分区和物理格式化。本书所讲的格式化是指对硬盘的高级格式化，为硬盘选择一种文件系统 NTFS 或 exFAT。

【例 8.4】对"磁盘 1"中的磁盘分区 G 进行格式化（非系统区）。

(1) 打开如图 8-27 所示的"计算机管理"窗口，右击要格式化的磁盘分区 G，单击弹出的快捷菜单中的"格式化（F）…"命令，如图 8-25 所示，弹出"格式化 G:"对话框，如图 8-28 所示。

图 8-28　"格式化 G:"对话框

(2) 选择格式化选项。

➢ **卷标（V）**：文本框用于输入该驱动器的卷标，用来标识该驱动器的用途。

➢ **文件系统(F)**：下拉列表框用于选择文件系统类型，如选择 NTFS 系统。

➢ **分配单元大小（A）**：下拉列表框用于选择存储文件每个簇的大小，一般选择默认值。

如果勾选"执行快速格式化（P）"复选框，则在格式化过程中不检查磁盘错误，格式化速度较快。如果磁盘没有坏的扇区，则可以选择此复选项。

如果勾选"启用文件和文件夹压缩（E）"复选框，则能够节省磁盘空间，但会使系统运行速度变慢。

(3) 单击"确定"按钮，系统给出提示信息，以便用户确定是否要继续格式化磁盘。

磁盘格式化后，原来存储的文件等信息全部被清除，因此，格式化前一定要慎重。

提示

exFAT（Extended File Allocation Table File System，扩展 FAT，也称 FAT64，即扩展文件分配表）是在 Windows 中引入的一种适合于闪存的文件系统，为了解决 FAT32 等不支持 4GB 及其更大的文件而推出。对于闪存，NTFS 文件系统不适合使用，而 exFAT 更为适用。对于磁盘，exFAT 则不太适用。

---

6. 更改驱动器名和路径

通过"计算机管理"窗口还可以更改驱动器名和路径，但前提是分区不是系统分区或启动分区。驱动器路径是指在其他分区指定一个空白文件夹，用于访问该分区。更改驱动器名和路径的操作方法如下。

(1) 在如图 8-27 所示的窗口中，右击要更改驱动器号和路径的分区，如分区"G:"，在弹出的快捷菜单中单击"更改驱动器号和路径（C）…"命令，弹出"更改 G:（新加卷）的驱动器号和路径"对话框，如图 8-29 所示。

(2) 单击"更改（C）…"按钮，弹出"更改驱动器号和路径"对话框。从"分配以下驱动器号（A）"右侧下拉列表中选择新的驱动器号，如选择新驱动器号 T，如图 8-30 所示。

图 8-29　"更改 G:（新加卷）的驱动器号和路径"对话框

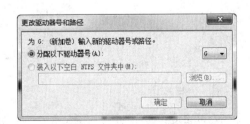

图 8-30　选择新的驱动器号

（3）单击"确定"按钮，打开一个提示对话框，提示某些依赖该驱动器号的程序可能无法正常运行，单击"是"按钮，更改为新的驱动器号 T。

（4）如果要添加驱动器路径，则右击该分区，在弹出的快捷菜单中单击"更改驱动器号和路径（C）…"命令，在弹出的如图 8-29 所示的对话框中单击"添加（D）…"按钮，弹出如图 8-30 所示的对话框。

（5）单击"浏览（B）…"按钮，在弹出的"浏览驱动器路径"对话框中选择一个空白文件夹（如"My-mp3"），如图 8-31 所示。

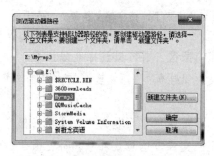

图 8-31   "浏览驱动器路径"对话框

如果没有空白文件夹，则可以单击"新建文件夹（N）…"按钮新建一个文件夹。

（6）单击"确定"按钮，完成路径的添加，然后就可以使用该文件夹（如"My-mp3"）直接访问所选的驱动器了。

试一试

（1）打开"计算机管理"窗口，分别查看"文件（F）""操作（A）"和"查看（V）"菜单项的组成。

（2）在"计算机管理"窗口查看磁盘 0 的分区的情况，以及其文件系统类型、状态、容量、可用空间等。

（3）对你使用的计算机磁盘进行碎片整理。

（4）对你使用的计算机磁盘进行磁盘清理。

（5）如有条件，可在你使用的计算机中添加一块硬盘，创建 2～3 个磁盘分区。

（6）格式化新建的分区，再对其中一个分区指定驱动器号。

相 关 知 识

磁盘管理中常见的基本概念

1．文件系统

文件系统是指在操作系统中命名、存储、组织文件的综合结构。Windows 7 支持的文件系统有NTFS、FAT、FAT32 及 exFAT。在安装 Windows 系统、格式化分区或安装新的硬盘时，都必须选择一种文件系统。

2．基本磁盘

基本磁盘是指包含主分区、扩展分区或逻辑驱动器的物理磁盘。使用基本磁盘时，每个磁盘只能创建四个主分区，或者三个主分区及一个带有多个逻辑驱动器的一个扩展分区。基本磁盘上的分区和逻辑驱动器称为基本卷。基本卷包括基本磁盘上的扩展分区内的分区和逻辑驱动器。只能在基本磁盘上创建基本卷。

3．分区

分区就是对硬盘的一种格式化。创建分区时就已经设置好了硬盘的各项物理参数，并指定了硬盘主引导记录和引导记录备份的存放位置。而对于文件系统及其他操作系统管理硬盘所需的信息则通过之后的高级格式化命令来实现。

4．卷

卷是指硬盘上的存储区域。驱动器使用一种文件系统（如 NTFS 或 exFAT）格式化卷，并为其指派一个驱动器号。一个硬盘可以包括多个卷，一个卷也可以跨越许多磁盘。其中，基本卷是驻留在基本磁盘上的主磁盘分区或逻辑驱动器；启动卷是包含 Windows 操作系统及其支持文件的卷；动态卷是驻留在动态磁盘上的卷。

8.3 文件或文件夹的加密和解密

☑ 如果你的计算机在网络中共享或与其他用户共用一台计算机，那么你是否担心文件资料被其他用户盗用？

☑ 如何加密计算机中的文件或文件夹？

为了增加数据的安全性，Windows 提供了一种文件加密技术，用于加密 NTFS 文件系统中存储的文件或文件夹。系统拒绝其他用户对已加密文件进行的打开、复制、移动或重新命名等操作。

8.3.1 文件或文件夹的加密

用户可以通过设置文件或文件夹的属性来对文件或文件夹进行加密。加密文件或文件夹的操作步骤如下。

（1）右击要加密的文件或文件夹，如加密文件夹，在弹出的快捷菜单中选择"属性（R）"命令。

（2）在打开的"属性"对话框的"常规"选项卡中，单击"高级（D）"按钮，弹出"高级属性"对话框，如图 8-32 所示。

（3）勾选"加密内容以便保护数据（E）"复选框，单击"确定"按钮，返回"属性"对话框，再单击"确定"按钮，弹出"确认属性更改"对话框，如图 8-33 所示。

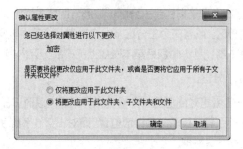

图 8-32　"高级属性"对话框　　　　　图 8-33　"确认属性更改"对话框

（4）确认在加密文件夹时是否同时加密文件夹内的所有文件和子文件夹。例如，选择"将更改应用于此文件夹、子文件夹和文件"单选项，单击"确定"按钮。

用户可以像使用其他文件或文件夹一样来使用加密的文件或文件夹。

提示

在使用加密文件和文件夹时，还要注意以下几点。

➢ 只有 NTFS 卷上的文件或文件夹才能被加密。

➢ 被压缩的文件或文件夹不可加密，如果加密一个压缩文件或文件夹，则该文件或文件夹将会被解压。

➢ 如果将加密的文件复制或移动到非 NTFS 格式的卷上，则该文件将会被解密。

➢ 如果将非加密文件移动到加密文件夹中，则这些文件将在新文件夹中自动加密，但反向操作时不能自动解密文件。

8.3.2　文件或文件夹的解密

文件或文件夹的解密的具体操作方法是，打开需要解密文件或文件夹的"高级属性"对话框，如图 8-32 所示，取消勾选的"加密内容以便保护数据（E）"复选框，系统自动对加密文件进行解密。在解密文件夹时，系统将询问是否要同时将文件夹内的所有文件和子文件夹解密。如果仅解密文件夹，则在该文件夹中已加密的文件和子文件夹仍保持加密，但在已解密的文件夹内新创建的文件和子文件夹将不会被自动加密。

想一想

（1）将一个未加密的文件复制到加密的文件夹中，复制后的文件是否自动加密？

（2）将一个加密的文件复制到未加密的文件夹中，复制后的文件是否自动解密？

试一试

（1）选择一个文件夹，对该文件夹进行压缩和加密，观察加密后的文件夹颜色的变化。

（2）将一个未加密的文件或文件夹复制到加密文件夹中，观察文件名颜色的变化。

（3）对上述加密的文件夹进行解密。

8.4 用户账户管理

问题与思考

☑ 如果你与其他人共用一台计算机，那么你是否想到要给自己单独设立一个用户账户来操作计算机？

☑ 如何对计算机中的用户账户进行管理？

在一个单位或家庭中，有时会多人共用一台计算机，计算机上的所有信息是公开的，没有任何保密性。为了增加计算机的安全性，Windows 7 允许在一台计算机上创建多个用户账户，并为每个用户分配一些特权，每个用户都可独立地使用和管理自己的账户。下面介绍在本地计算机创建和管理用户账户的方法。

8.4.1 创建用户账户

通过创建用户账户，可以赋予该用户一定的计算机管理权限。例如，建立和使用自己的文件、文件夹，虽然此时无法安装软件或硬件，但是可以访问已经安装在计算机上的应用程序，这样可以不影响其他用户和本地计算机的安全。

【例8.5】为每个使用当前计算机的用户创建一个账户，如创建一个用户账户"david"。

(1) 以管理员的身份登录计算机，打开"控制面板"窗口，单击"用户账户"，打开"用户账户"窗口，如图8-34所示，再单击"管理其他账户"链接，打开"管理账户"窗口，如图8-35所示。

图 8-34 "用户账户"窗口

图 8-35 "管理账户"窗口

（2）单击"创建一个新账户"链接，打开"创建新账户"窗口，输入新用户账户名称，并选择一种账户类型，如输入账户名为"david"，选择账户类型为"标准用户（S）"，如图8-36所示。

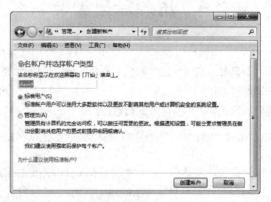
图8-36　"创建新账户"窗口

（3）单击"创建账户"按钮，完成新账户的创建，并自动跳转到"管理账户"窗口。此时，在该窗口中可以看到新创建的账户"david"，如图8-37所示。

这样就创建了一个新的用户账户，用户可以使用该账户登录计算机了。

图8-37　新创建的账户

提示

创建用户账户后，可以对用户账户的登录方式进行控制操作，方法是单击"开始"→"关机"按钮右侧的箭头，从弹出的快捷菜单中选择相应的操作，包括切换用户、注销、锁定等。

8.4.2　管理账户密码

创建新的用户账户后，为保护系统的安全及用户个人的信息资料，通常还要创建、修改或删除用户账户密码，具体操作方法如下。

（1）打开如图8-37所示的"管理账户"窗口，单击要更改的账户，如"david"，打开"更改账户"窗口，如图8-38所示。

（2）单击"创建密码"链接，打开"创建密码"窗口，在新密码文本框中输入密码，在确认新密码文本框中重复输入一次新密码。如果担心忘记密码，则可在输入密码提示文本框中输入密码提示，如输入"我手机号码后五位："，如图 8-39 所示。

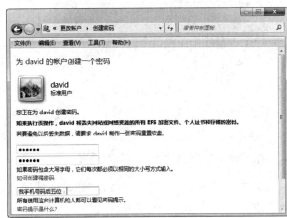

图 8-38　"更改账户"窗口　　　　　图 8-39　"创建密码"窗口

（3）单击"创建密码"按钮，完成密码创建操作。

再次使用该用户账户登录或切换用户时，系统就会提示输入密码，只有密码正确才能进入系统。

为了保护用户账户中的文件及信息，可以在使用一段时间后更改密码，具体操作方法如下。

（1）打开"更改账户"窗口，单击"更改密码"链接，打开"更改密码"窗口，系统提示更改用户密码。

（2）在新密码框中输入密码，在确认新密码框中重复输入一次密码，在输入密码提示框中输入密码提示后，单击"更改密码"按钮，完成密码的修改。

如果要删除用户密码，则可以单击"更改账户"窗口中的"删除密码"链接，打开"删除密码"窗口，单击"删除密码"按钮即可删除密码。

> **提示**
>
> 如果要对其他用户账户的密码进行管理，则必须以管理员的身份登录 Windows 7 系统。

8.4.3　使用密码重置盘

如果用户担心忘记密码，则可在创建密码后再创建一个密码重置盘。下面介绍在 U 盘存储用户登录密码的操作方法。

（1）打开"用户账户"窗口，单击左侧的"创建密码重设盘"链接，打开"忘记密码向导"对话框，单击"下一步（N）"按钮，弹出"创建密码重置盘"对话框，如图 8-40 所示。

（2）选择存储密码盘后，单击"下一步（N）"按钮，在弹出的"当前用户账户密码"对话框中的"当前用户账户密码（C）："文本框中输入当前用户账户的登录密码，如图 8-41 所示。

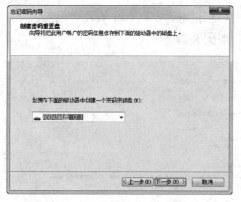

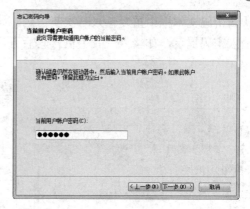

图 8-40　"创建密码重置盘"对话框　　　　图 8-41　"当前用户账户密码"对话框

（3）单击"下一步（N）"按钮，开始创建密码重置磁盘，根据向导提示进行设置，完成后单击"完成"按钮。

当用户在 Windows 7 登录界面输入密码错误时，可以使用创建的密码重置盘启动系统。具体操作方法如下。

（1）登录 Windows 7 时，系统提示用户名或密码输入错误，此时单击"确定"按钮，返回系统登录界面后单击密码框下的"重置密码"按钮，打开"重置密码向导"对话框，单击"下一步（N）"按钮，插入创建的密码设置盘，并选择该盘符。

（2）单击"下一步（N）"按钮，输入新的登录密码，再单击"下一步（N）"按钮，重置密码后，单击"完成"按钮即可。

重置密码后，使用新的密码即可登录用户账户。

提示

　　创建用户账户后，可以更改新用户的头像，方法是打开要更改头像的"用户账户"窗口，单击"更改图片"链接，选择一个新的头像图片即可。

8.4.4　删除用户账户

　　如果某个用户账户不再使用，则可以删除该用户账户。只有以管理员身份登录系统才能删除其他用户账户，具体操作方法如下。

（1）打开"用户账户"窗口，单击"管理其他账户"链接，选择一个要删除的账户，如选择"david"账户，出现如图 8-42 所示的"更改账户"窗口。

（2）单击"删除账户"链接，打开如图 8-43 所示的"删除账户"窗口。

（3）单击"保留文件"还是"删除文件"按钮。"保留文件"是指将该账户的桌面及用户文档中的内容保存起来再删除账户。"删除文件"是指将该账户的所有文件全部删除。例如，单击"删除文件"按钮，系统出现是否真正删除该账户的提示信息，再单击"删除账户"按钮就可以删除该用户账户。

图 8-42 "更改账户"窗口

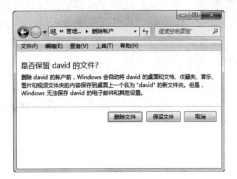

图 8-43 "删除账户"窗口

 **试一试**

（1）分别创建一个计算机管理员账户 Vanessa 和标准用户账户 Alice。

（2）更改用户账户 Alice 的密码。

（3）使用 Vanessa 账户登录计算机，然后再切换到 Alice 账户。

（4）更改 Alice 的账户名为 Henrry，并更换其头像图片和密码。

（5）删除上述新创建的两个用户账户。

相 关 知 识

用户账户类型

1．计算机管理员账户

计算机管理员账户是专门为可以对计算机进行系统更改、安装程序和访问计算机上所有文件的用户而设置的。只有拥有计算机管理员账户的用户才拥有对计算机上其他用户账户的完全访问权。该用户可以创建和删除计算机上的其他用户账户，并可以为计算机上其他用户账户创建账户密码，还可以更改其他用户的账户名、图片、密码和账户类型，但无法将自己的账户类型更改为标准账户类型，除非至少有一个其他用户在该计算机上也拥有计算机管理员账户。这样可以确保计算机上总是至少有一个人拥有计算机管理员账户。

2．标准账户

在 Windows 7 中，所有用户创建的账户都默认为标准权限，标准账户在尝试执行系统关键设置的操作时，都会受到用户账户机制的阻拦，以免系统管理员权限被恶意程序所利用，同时也避免初级用户对系统的错误操作。

3．Guest（来宾）账户

Guest（来宾）账户是一种受限制的账户，系统禁止该账户更改大多数计算机设置和删除重要文件。Guest 账户的用户权限包括无法安装软件或硬件，但可以访问已经安装在计算机上的应用程序；可以更改其账户图片，还可以创建、更改或删除其密码；无法更改其账户名或账户类型。

8.5 Windows 7 系统维护

☑ 你是否考虑过当计算机系统出现问题时如何恢复？

☑ 你在计算机上建立的文件有备份吗？

☑ 如何对计算机中的文件进行备份？必要时如何对文件进行还原？

在使用计算机过程中，只有定期对系统进行维护，才能保证计算机的正常运行，发挥其最佳功能。本节主要介绍系统还原、文件备份与还原、系统性能优化等内容。

8.5.1 Windows 7 系统还原

Windows 7 系统的还原功能是指当计算机系统出现问题时，可以将计算机的系统文件及时还原到之前指定时间的状态，但它无法恢复已删除或损坏的个人文件。

1. 创建系统还原点

如果要进行系统还原，则需要首先创建系统还原点，当以后系统出现故障时，就可以通过还原点将系统还原到之前正常的状态。创建系统还原点的操作方法如下。

（1）通过单击"开始"按钮打开"控制面板"窗口，在"大图标"查看方式下，单击"系统"链接，打开"系统"窗口，如图 8-44 所示。

（2）单击窗口左侧的"系统保护"链接，弹出"系统属性"对话框，如图 8-45 所示。

图 8-44 "系统"窗口

图 8-45 "系统属性"对话框

（3）选择"系统保护"选项卡，单击"创建（C）…"按钮，弹出"系统保护"对话框，输入对还原点的描述。例如，输入"还原点1"，如图8-46所示。

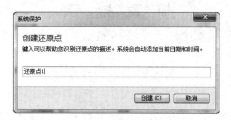

图8-46 "系统保护"对话框

（4）单击"创建（C）"按钮，开始创建系统还原点。创建结束后，打开一个对话框，系统提示"已经成功创建还原点"，单击"关闭"按钮，返回"系统属性"对话框，完成还原点的创建。

2．还原系统

系统还原点创建后，用户可以在任何时候将系统还原到设置还原点时的状态。还原系统时，仅对设置及安装程序有效，而不会影响磁盘中的文件。还原系统的具体操作方法如下。

（1）通过单击"开始"按钮打开"控制面板"窗口，单击"系统"链接，打开"系统"窗口，再单击"系统保护"链接，打开"系统属性"对话框，如图8-45所示。

（2）单击"系统还原（S）…"按钮，打开"系统还原"对话框。也可以通过单击"开始"→"所有程序"→"附件"→"系统工具"→"系统还原"命令，弹出"系统还原"对话框。

（3）单击"下一步（N）"按钮，弹出"将计算机还原到所选事件之前的状态"对话框，在该对话框中的列表框中列出了可供选择的还原点，如图8-47所示。

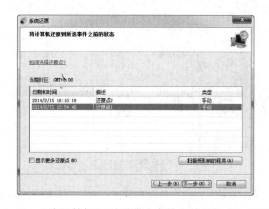

图8-47 "将计算机还原到所选事件之前的状态"对话框

（4）选择一个还原点，单击"下一步（N）"按钮，系统根据所选择的还原点，将计算机恢复到还原点之前所处的状态。

（5）单击"完成"按钮，系统开始还原，然后重启计算机，系统提示"系统还原已成功完成"。

在选择还原点时，应选择在出现问题前的日期和时间创建的还原点。系统还原时虽然不会影响个人文件，但是可能会将选择还原点以后安装的应用程序和驱动程序从计算机中卸载。

相 关 知 识

制作 U 盘系统启动盘

在计算机系统安装和维护过程中，通常使用系统安装盘进行系统的启动与安装，当前很多计算机特别是笔记本电脑没有配备光驱，所以在安装或修复系统时，使用 U 盘启动计算机是非常不错的选择，因此需要首先要制作 U 盘系统启动盘。当前制作 U 盘系统启动盘的工具软件很多，这里介绍一款比较简单的 U 盘系统启动盘的工具软件——"好系统 U 盘启动"（https://www.haoyitools.com/）。

（1）打开"好系统 U 盘启动"页面，选择"好系统 U 盘启动"菜单项，下载 U 盘系统启动盘制作工具软件，并安装到计算机中。

（2）准备一个 U 盘，将 U 盘插入计算机的 USB 口，双击桌面"好系统 U 盘启动"图标，打开该软件，弹出如图 8-48 所示的"好系统 U 盘启动"对话框。

图 8-48 "好系统 U 盘启动"对话框

（3）软件自动检测到 U 盘，如果该 U 盘支持无损制作，对话框右侧会出现"无损制作"按钮，此时可以启动 U 盘，U 盘里的原有数据不会丢失，且不影响 U 盘使用。如果该 U 盘不支持无损制作，则对话框右侧会出现"一键制作"按钮，此时务必备份 U 盘中的原有数据。单击"无损制作"按钮，开始制作"好系统 U 盘启动"，整个过程大概需要 1～3 分钟，制作过程如图 8-49 所示。

（4）制作完成后系统弹出提示框，至此，U 盘系统启动盘制作完成。U 盘会默认分为两个分区：第一个分区为原先的 U 盘分区，之前存放的文件不会丢失，并且仍然可以存放文件；第二个分区为"好系统 U 盘启动"专属分区。

(5) 在维护计算机过程中，如果需要，就可以使用 U 盘来启动计算机。

图 8-49　U 盘启动盘制作过程

8.5.2　文件备份与还原

数据无疑是计算机中最重要的"财富"，应该妥善保管。但数据丢失或损坏的情况经常出现，如病毒感染、磁盘损坏等，都可能造成计算机中的数据无法恢复。因此，对于重要的数据进行定期备份非常重要。

1. 备份文件

在 Windows 7 中可以备份文件，同时还可以创建备份计划。

【例 8.6】备份 D 盘上 music、photo 等文件夹的内容，并保存到移动硬盘上。

(1) 单击"开始"→"所有程序"→"维护"→"备份和还原"命令，打开"备份和还原"窗口，如图 8-50 所示。

图 8-50　"备份和还原"窗口

(2) 单击〝设置备份 (S)〞链接，启动 Windows 备份，弹出〝设置备份〞对话框，如图 8-51 所示，可以在〝保存备份的位置 (B)：〞的列表框中选择备份文件的存放位置，如选择 G 盘。

(3) 单击〝下一步 (N)〞按钮，选择要备份的文件内容，如图 8-52 所示。可以选择〝让 Windows 选择（推荐）〞或〝让我选择〞单选项。例如，选择〝让 Windows 选择（推荐）〞单选项。

图 8-51 〝设置备份〞对话框

图 8-52 选择要备份的文件内容

(4) 单击〝下一步 (N)〞按钮，弹出选择备份内容对话框，如图 8-53 所示。用户可自行选择要备份的内容。

(5) 单击〝下一步 (N)〞按钮，弹出〝查看备份设置〞对话框，如图8-54所示，该对话框中显示备份的位置、备份内容摘要等信息。

图 8-53 选择备份内容对话框

图 8-54 〝查看备份设置〞对话框

(6) 单击〝保存设置并退出 (S)〞按钮，弹出〝正在备份设置…〞对话框，保存备份设置后，打开〝备份和还原〞窗口，提示用户正在备份，如图 8-55 所示。单击〝查看详细信息(T)"按钮,可以查看备份的详细信息,此时也可以单击"停止备份"按钮,终止备份操作。

图 8-55 "备份和还原"窗口

(7) 经过一段时间后,备份完成,并给出提示信息。单击"关闭"按钮关闭对话框,此时,备份操作完成。

2. 还原文件

当计算机出现故障、文件丢失或损坏,就可以将备份的文件恢复到计算机中,以减少损失。具体操作步骤如下。

(1) 单击"开始"→"所有程序"→"维护"→"备份和还原"命令,打开"备份和还原"窗口,如图8-50所示。

(2) 单击"还原我的文件"按钮,弹出"还原文件"对话框,再单击"浏览文件夹"按钮,在弹出的"浏览文件夹或驱动器的备份"对话框中选择之前备份的文件夹,如图8-56所示。

图 8-56 "浏览文件夹或驱动器的备份"对话框

(3) 选择一个备份的文件夹,如选择 D 盘上的一个备份,单击"添加文件夹(O)"按钮,将其添加到列表中。

（4）单击"下一步"按钮，从弹出的"还原文件"对话框中选择还原的文件夹的保存位置，如选择"在原始位置（O）"单选项，如图 8-57 所示。

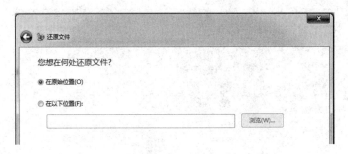

图 8-57　选择还原文件的保存位置对话框

（5）单击"还原"按钮，系统开始还原文件，还原结束后，给出完成还原的提示信息，单击"完成"按钮，完成还原操作。

还原文件操作结束后，可以看到在 D 盘中包含了一个还原的文件夹。

8.5.3　创建系统映像

Windows 7 中的系统映像包括运行 Windows 系统所需的驱动器、系统和用户设置、程序及文件等。创建系统映像是指建立 Windows 系统驱动器的副本，当系统损坏或文件丢失时，通过映像可以恢复。创建系统映像的具体操作方法如下。

（1）单击"开始"→"所有程序"→"维护"→"备份和还原"命令，打开"备份和还原"窗口，单击"创建系统映像"链接，弹出"创建系统映像"对话框，如图 8-58 所示。在该对话框中列出了三个保存备份文件的位置，可以分别将备份保存到硬盘上、DVD 或网络上。例如，选择"在硬盘上（H）"单选项，再单击该单选项的下拉列表，选择要保存的硬盘，此处选择 G 盘。

（2）单击"下一步（N）"按钮，弹出"备份选项列表"对话框，再单击"下一步（N）"按钮，弹出"确认备份设置"对话框，如图 8-59 所示。

图 8-58　"创建系统映像"对话框　　　　图 8-59　"确认备份设置"对话框

（3）单击"开始备份（S）"按钮，开始创建系统映像。备份结束后弹出"创建系统映像"对话框，询问是否创建修复光盘，单击"否"按钮关闭对话框。

创建系统映像后，打开备份盘 G，可以看到名为 Windows Image Backup 的文件夹，该文件夹即为创建好的映像文件夹。

当系统出现故障、磁盘文件丢失或损坏时，用户可以通过映像文件恢复磁盘数据。具体方法是，启动计算机并按下 F8 功能键，选择"修复计算机"选项，弹出"系统恢复选项"对话框，选择"系统映像恢复"选项，然后按照提示进行映像文件的恢复。

 提示

通过系统映像还原计算机时，系统将进行完整还原，不能选择个别项进行还原，当前的所有程序、系统设置和文件都将被系统映像中的相应内容替换。

8.5.4　系统性能优化

为使 Windows 7 系统发挥更好的性能，需要通过设置启动程序、调整视觉效果、设置虚拟内存等功能来降低系统资源的占用，使系统运行得更加高效和稳定。

1．设置启动程序

在使用计算机过程中，由于已安装的一些应用程序会在启动 Windows 时自动启动，所以会延长系统的启动时间，降低计算机的运行速度。用户可以通过禁止这些启动程序来提高运行速度。具体操作方法如下。

（1）单击"开始"按钮，在搜索框中输入"msconfig"命令，按回车键，弹出"系统配置"对话框，选择"启动"选项卡，列表框中列出了系统启动时所运行的程序。

（2）如果要取消某些启动程序选项，使这些程序在系统启动时不运行，则可在窗口左侧的复选框中取消勾选，如图 8-60 所示。

图 8-60　取消启动程序选项

（3）单击"确定"按钮，弹出提示对话框，可以选择立即重启计算机或不立即重启计算机。

在取消启动程序选项时，不要取消系统启动程序，以免影响系统的性能。

2．调整视觉效果

Windows 7 系统增强了很多系统性能和外观效果，如果用户得计算机配置不高，则这些外观效果可能影响系统的性能，这时可以关闭某些不实用的视觉效果。具体操作方法如下。

（1）通过单击"开始"按钮打开"控制面板"窗口，在"大图标"查看方式下，单击"性能信息和工具"链接，打开"性能信息和工具"窗口，如图 8-61 所示。

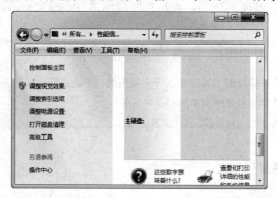

图 8-61　　"性能信息和工具"窗口

（2）单击"调整视觉效果"链接，弹出"性能选项"对话框，在"视觉效果"选项卡中，可以选择合适的视觉选项，如图 8-62 所示。例如，可以选择让 Windows 选择计算机的最佳设置、最佳外观或最佳性能。

（3）单击"确定"按钮，完成视觉效果的设置。

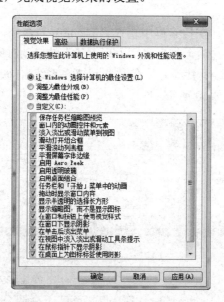

图 8-62　　"视觉效果"选项卡

3．设置虚拟内存

如果计算机内存不能满足系统的需要，则可以在硬盘中开辟一部分空间当作内存使用，硬盘中的这部分空间就是虚拟内存。

（1）通过单击"开始"按钮打开"控制面板"窗口，单击"性能信息和工具"链接，打开"性能信息和工具"窗口，选择"高级"选项卡，如图 8-63 所示。也可以通过单击"控制面板"→"系统"→"高级系统设置"→"高级"选项卡"性能"区域中的"设置"按钮来进行设置。

（2）单击"更改（C）..."按钮，打开"虚拟内存"对话框，取消勾选"自动管理所有驱动器的分页文件大小（A）"复选框，在"驱动器"列表框中选择一个非系统分区，如选择 D 盘，再选择"自定义大小（C）"单选项，输入虚拟内存的"初始大小"和"最大值"，如图 8-64 所示。

图 8-63 "高级"选项卡

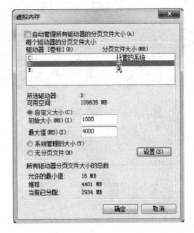

图 8-64 设置虚拟内存大小

（3）单击"设置（S）"按钮，重新启动计算机后设置生效。

提示

虚拟内存应该设置在非系统分区，如果设置在系统分区，就会因为频繁地进行读/写操作而影响系统性能。虚拟内存的大小也可以选择由系统来管理，Windows 7 系统可以自动根据实际情况来调整虚拟内存的大小。当然，增加物理内存是扩大内存的首选办法。

试一试

（1）在计算机性能最佳时，创建一个 Windows 7 系统的还原点。

（2）备份计算机中你个人使用的文件夹。

（3）选择其中的一个备份文件夹还原到另一台计算机上，并查看还原的文件夹内容。

（4）试创建一个 Windows 7 系统映像。

（5）如果你的计算机中安装有 DVD 光驱，试制作一个 Windows 7 映像光盘。

（6）根据你的计算机配置情况，设置一个大小合适的 Windows 7 虚拟内存。

相 关 知 识

360 安全卫士

360 安全卫士是一款由奇虎 360 公司推出的计算机网络安全软件，如图 8-65 所示。360 安全卫士拥有木马查杀、清理插件、修复漏洞、电脑体检、电脑救援、保护隐私、清理垃圾、清理痕迹等多种功能，并独创"木马防火墙"功能。依靠抢先侦测和云端鉴别技术，360 安全卫士可全面、智能地拦截各类木马，从而保护用户的账号、隐私等重要信息。由于 360 安全卫士方便、实用，目前在中国网民中使用率比较高。

图 8-65　360 安全卫士

目前，360 公司产品很多，除 360 安全卫士外，还有 360 杀毒、360 文档卫士、360 浏览器、360 安全云盘、360 搜索、360 游戏等计算机软件，手机软件有 360 手机卫士、360 防骚扰大师、手机急救箱、手机助手、清理大师等。具体详情或下载软件可以登录 360 公司官网 http://www.360.cn/。

思考与练习 8

一、填空题

1. 如果要结束某个正在运行的应用程序，则可以在任务管理器的"应用程序"选项卡中选择要结束的程序，然后单击_____按钮。

2．计算机在使用过程中会产生一些临时文件，这些文件会占用一定的磁盘空间并影响系统的运行速度。因此，在计算机使用一段时间后，就应对磁盘进行_____。

3．由于反复写入和删除文件，磁盘中的空闲扇区会分散到整个磁盘中不连续的物理位置上，从而使文件不能保存在连续的扇区内。因此，降低了磁盘的访问速度，所以需要定期对磁盘进行_____。

4．在对磁盘进行碎片整理前，一般要首先进行_____，根据结果决定是否进行碎片整理。

5．硬盘格式化可分为_____和_____，_____是指在 Windows 系统下对硬盘进行的格式化操作；_____是指在高级格式化前对硬盘进行分区和物理格式化。

6．在文件或文件夹的_____对话框中可以对文件或文件夹进行加密、解密。

7．Windows 7 中的用户账户类型分为_____、_____和 Guest（来宾）账户。

8．为防止计算机系统出现问题时无法使用，可以创建_____，必要时可以将计算机的系统文件及时还原到之前指定时间的状态。

9．还原系统仅对_____有效，而不影响_____的文件。

10．用户通常使用复制的方法将自己的资料文件保存到另一个存储媒体，Windows 7 系统还提供了_____功能用于保存文件，必要时可进行文件恢复。

11．Windows 7 中的系统映像包括运行 Windows 系统所需的驱动器、_____、程序及文件等。

12．Windows 7 系统性能优化可通过设置_____、_____、_____等来降低系统资源的占用，使系统运行得更加高效和稳定。

13．如果要安装 Windows 7，则系统磁盘分区必须为_____文件系统格式。

14．Windows 7 系统增强了很多系统性能和外观效果，用户可以调整视觉效果，这时需要在_____对话框中进行设置。

二、选择题

1．下列有关任务管理器的说法，不正确的是（　　）。

　　A．使用任务管理器可以终止一个应用程序的运行，但不能创建新任务

　　B．使用任务管理器可以对进程进行管理

　　C．使用任务管理器可以了解 CPU 的使用情况

　　D．使用任务管理器可以监视计算机性能

2．在磁盘管理中，不能进行的操作是（　　）。

　　A．格式化磁盘　　　　　　　　　　　　B．安装 Windows 系统

　　C．删除磁盘分区　　　　　　　　　　　D．更改驱动器号

3．在磁盘管理中对硬盘进行格式化，下列操作不能进行的是（　　）。

　　A．启用文件的加密功能　　　　　　　　B．选择文件系统类型

　　C．快速格式化　　　　　　　　　　　　D．指定分配单位大小

4．以下关于对文件或文件夹加密、解密的说法，不正确的是（　　）。

　　A．只有 NTFS 卷上的文件或文件夹才能被加密

　　B．如果加密一个压缩文件或文件夹，则该文件或文件夹将不会被解压缩

　　C．如果将加密的文件复制或移动到非 NTFS 格式的卷上，则该文件将会被解密

　　D．如果将非加密文件移动到加密文件夹中，则该文件将在新文件夹中自动加密

5．Windows 系统的磁盘清理程序不能实现的功能是（　　）。

　　A．清空回收站　　　　　　　　　　　　B．删除 Windows 临时文件

C．删除 Internet 临时文件　　　　　　　D．恢复已删除的文件

6．安装 Windows 7 操作系统时，系统磁盘分区必须为（　　）文件系统格式才能安装。

　　A．FAT　　　　　　B．FAT32　　　　　　C．exFAT　　　　　　D．NTFS

7．为了保证 Windows 7 安装后能够正常使用，采用的安装方法应为（　　）。

　　A．升级安装　　　　B．卸载安装　　　　C．覆盖安装　　　　D．全新安装

三、简答题

1．如果要终止某个程序的运行，则在任务管理器中应如何进行操作？

2．如果一个磁盘中有未分配的空间，则应如何扩展该磁盘分区？

3．为什么要格式化磁盘？

4．磁盘在经过长时间的使用后，为什么要定期对磁盘进行碎片整理？

5．更改驱动器名和路径的前提是什么？

6．如何对一个文件夹进行加密？

7．为什么要定期对磁盘进行清理？

8．计算机管理员账户有哪些权限？

9．如何创建 Windows 7 系统映像？

四、操作题

1．首先运行一个应用程序，如 Word 文档，再使用"Windows 任务管理器"终止该应用程序的运行。

2．打开"计算机管理"窗口，查看计算机中磁盘分区的情况，所有卷的文件系统类型、状态、容量、可用空间等。

3．对计算机进行磁盘碎片整理。

4．对计算机 E 盘进行磁盘清理。

5．对计算机进行磁盘错误检查。

6．选择一个文件夹，对该文件夹及其子文件夹进行加密，观察加密后的文件夹的颜色变化。

7．分别创建一个计算机管理员账户 WZ 和标准用户账户 WY。

8．更改用户账户 WY 密码。

9．使用管理员账户 WZ 登录计算机，在不关闭计算机的情况下，使用切换用户功能切换到 WY 用户账户。

10．删除上述新创建的 WZ 和 WY 用户账户。

11．选择两个文件夹进行备份，然后再还原到另一台计算机上，并查看还原的文件夹中的内容。

12．对计算机中的启动程序进行优化设置。

综合检测题

一、填空题

1．安装 Windows 7 系统时，系统磁盘分区必须为_____格式。

2．在 Windows 操作系统中，Ctrl+X 是_____命令的组合键，Ctrl+V 是_____命令的组合键。

3．记事本是 Windows 7 操作系统内带的专门用于_____应用程序。

4．在计算机中，"*"和"?"被称为_____。

5．_____是 Windows 7 中的一个小型文字处理软件，能够对文章进行一般的编辑和排版处理，还可以进行简单的图文混排。

6．Windows 7 系统启动后，系统进入全屏幕区域整个屏幕区域称为_____。

7．Windows 7 可以利用_____键来复制屏幕内容。

8．在 Windows 7 桌面上打开了多个窗口，在每一时刻只有____个窗口是活动窗口。

9．在 Windows 7 操作系统中，文件名的类型可以根据_____来识别。

10．当启动程序或打开文档时，若不知道某个文件位于何处，则可以使用系统提供的_____功能。

11．在 Windows 7 中，选择一张图片作为桌面背景，该图片在桌面的显示位置有居中、填充、拉伸、_____等方式。

12．Windows 7 中有三种不同类型的用户账户，分别是_____、_____和_____。

13．如果要卸载更新一个应用程序，打开控制面板，选择类别查看方式，执行程序中"卸载程序"命令，打开_____窗口进行卸载或更新。

14．Windows 7 中文本文件的扩展名是_____。

15．在 Windows 7 中，提供的一个图像处理软件是_____，通过它会画一些简单的图形。

二、选择题

1．计算机系统中必不可少的软件是（　　）。

　　A．操作系统　　　　　　　　　　B．语言处理程序

　　C．工具软件　　　　　　　　　　D．数据库管理系统

2．在计算机中，文件是存储在（　　）。

　　A．磁盘上的一组相关信息的集合　　B．内存中的信息集合

　　C．存储介质上一组相关信息的集合　D．打印纸上的一组相关数据

3．Windows 7 是一种（　　）。

　　A．数据库软件　　B．应用软件　　C．系统软件　　D．中文字处理软件

4．在 Windows 7 操作系统中，将打开窗口拖动到屏幕顶端，窗口会（　　）。

　　A．关闭　　　　　B．消失　　　　C．最大化　　　D．最小化

5．在 Windows 7 操作系统中，显示 3D 桌面效果的快捷键是（　　）。

　　A．Win 键+D　　　　　　　　　　B．Win 键+P

　　C．Win 键+Tab　　　　　　　　　D．Alt+Tab

6. 要选定多个不连续的文件（文件夹），要先按住（　　）键，再选定文件。

    A．Alt　　　　　　　　B．Ctrl　　　　　　　　C．Shift　　　　　　　　D．Tab

7. 在 Windows 7 中使用删除命令删除硬盘中的文件后，（　　）。

    A．文件确实被删除，无法恢复

    B．在没有存盘操作的情况下，还可恢复，否则不可以恢复

    C．文件被放入回收站，可以通过"查看"菜单的"刷新"命令恢复

    D．文件被放入回收站，可以通过回收站操作恢复

8. 在 Windows 7 中，要把选定的文件剪切到剪贴板中，可以按（　　）组合键。

    A．Ctrl+X　　　　　　B．Ctrl+Z　　　　　　C．Ctrl+V　　　　　　D．Ctrl+C

9. 在 Windows 7 中个性化设置包括（　　）。

    A．主题　　　　　　　B．桌面背景　　　　　　C．窗口颜色　　　　　　D．声音

10. 在 Windows 7 中可以完成窗口切换的方法是（　　）。

    A．Alt+Tab　　　　　　　　　　　　　　B．Win 键+Tab

    C．Win 键+P　　　　　　　　　　　　　D．Win 键+D

11. Windows 7 中，关于防火墙的叙述不正确的是（　　）。

    A．Windows 7 自带的防火墙具有双向管理的功能

    B．默认情况下允许所有入站连接

    C．不可以与第三方防火墙软件同时运行

    D．Windows 7 通过高级防火墙管理界面管理出站规则

12. Windows 7 有四个默认库，分别是视频、图片、音乐和（　　）。

    A．文档　　　　　　　B．汉字　　　　　　　C．属性　　　　　　　D．图标

13. 在 Windows 7 中，有两个对系统资源进行管理的程序组，它们是"资源管理器"和（　　）。

    A．"回收站"　　　　　　　　　　　　　B．"剪贴板"

    C．"我的电脑"　　　　　　　　　　　　D．"我的文档"

14. 在 Windows 7 环境中，鼠标是重要的输入工具，而键盘（　　）。

    A．无法起作用

    B．仅能配合鼠标，在输入中起辅助作用

    C．仅能在菜单操作中运用，不能在窗口的其他地方操作

    D．也能完成几乎所有操作

15. 在 Windows 7 的桌面上单击鼠标右键，将弹出一个（　　）。

    A．窗口　　　　　　　B．对话框　　　　　　C．快捷菜单　　　　　　D．工具栏

16. 清空回收站里面的文件或文件夹，这些文件或文件夹（　　）。

    A．可以恢复　　　　　　　　　　　　　B．可以部分恢复

    C．不可恢复　　　　　　　　　　　　　D．可以恢复到回收站

17. 用记事本建立的文件，默认扩展名为（　　）。

    A．.DOC　　　　　　　B．.COM　　　　　　　C．.TXT　　　　　　　D．.XLS

18. 关闭对话框的正确方法是（　　）。

    A．按最小化按钮　　　　　　　　　　　B．单击鼠标右键

    C．单击关闭按钮　　　　　　　　　　　D．单击鼠标左键

19. 在 Windows 7 桌面上，若任务栏上的按钮呈凸起形状，表示相应的应用程序处在（   ）。

    A．后台   B．前台   C．非运行状态   D．空闲

20. Windows 7 中的菜单有窗口菜单和（   ）菜单两种。

    A．对话   B．查询   C．检查   D．快捷

21. 当一个应用程序窗口被最小化后，该应用程序将（   ）。

    A．被终止执行   B．继续在前台执行

    C．被暂停执行   D．转入后台执行

22. 下面是关于 Windows 7 文件名的叙述，错误的是（   ）。

    A．文件名中允许使用汉字   B．文件名中允许使用多个圆点分隔符

    C．文件名中允许使用空格   D．文件名中允许使用西文字符"I"

23. 正常退出 Windows 7 的操作是（   ）。

    A．在任何时刻关掉计算机的电源

    B．选择"开始"菜单中"关闭计算机"并进行人机对话

    C．在计算机没有任何操作的状态下关掉计算机的电源

    D．在任何时刻按 Ctrl+Alt+Del 键

24. 大多数操作系统，如 WIindows、Unix 等，都采用（   ）文件夹结构。

    A．网状   B．树状   C．环状   D．星状

25. Windows 7 中任务栏上显示（   ）。

    A．系统中保存的所有程序   B．系统正在运行的所有程序

    C．系统前台运行的程序   D．系统后台运行的程序

三、判断题

1. Windows7 操作系统不需要激活即可使用。   （　　）

2. Windows 7 旗舰版支持的功能最多。   （　　）

3. 要开启 Windows 7 的 Aero 效果，必须使用 Aero 主题。   （　　）

4. 在 Windows 7 中默认库被删除后可以通过恢复默认库进行恢复。   （　　）

5. 在 Windows 7 中默认库被删除了就无法恢复。   （　　）

6. Windows 7 操作系统不需要安装安全防护软件。   （　　）

7. 任何一台计算机都可以安装 Windows 7 操作系统。   （　　）

8. 安装安全防护软件有助于保护计算机不受病毒侵害。   （　　）

9. 直接切断计算机供电的做法，对 Windows 7 系统有损害。   （　　）

10. Windows 7 的桌面是一个系统文件夹。   （　　）

11. 任务栏可以拖动到桌面上的任何位置。   （　　）

12. 对话框窗口可以最小化。   （　　）

13. 对于菜单上的菜单项目，按下 Alt 键和菜单名右边的英文字母就可以起到和用鼠标
单击该条目相同的效果。   （　　）

14. 快速启动图标是由系统设置的，用户不能改变。   （　　）

15. 在 Windows 7 中，"任务栏"的作用是显示系统的所有功能。   （　　）

四、操作题

（一）操作设置。

1．将系统时间设置为 2022 年 1 月 16 日，上午 11:30:00（任务栏中显示上午 11:30:00）。

2．将屏幕保护程序设置为"变幻线"，等待时间设置为 3 分钟。

3．将画图程序锁定到任务栏，并将画图程序附到开始菜单的常用程序列表中。

4．隐藏任务栏。

5．将桌面上的"计算机"图标放置到桌面的右上角。

6．在桌面的右上角处添加一个时钟小工具，更改时钟样式为第 6 种样式。

7．在 sj 文件夹中创建"计算器"的快捷方式。

8．关闭 Windows 7 系统自带功能的游戏。

（二）在 D 盘根目录上建立一个文件夹，文件夹名为自己的学号，将所有结果放在自己的文件夹下，并将文件夹压缩成一个压缩文件。

1．设置系统管理员图片为小猫，并将窗口保存为"1.jpg"。

2．设置系统管理员密码为"aaaaaa"，密码提示信息为"最简单的连续 6 个字母"，并将窗口画面保存为"2.jpg"。

3．设置鼠标方案为"Windows Aero（系统方案)"，并启用指针阴影，将窗口画面保存为"3.jpg"。

4．设置鼠标滚动一个齿格时，行数为 4 行，将窗口画面保存为"4.jpg"。

5．设置自动隐藏任务栏，取消锁定任务栏，并使用小图标，将窗口画面保存为"5.jpg"。

6．设置任务栏按钮为"始终合并，隐藏标签"，锁定任务栏，不使用小图标，将窗口画面保存为"6.jpg"。

7．在任务栏中显示地址工具栏，将窗口画面保存为"7.jpg"。

8．设置桌面背景为纯色，颜色为橙色，将该对话框截图，保存文件名为"8.jpg"。

（三）文件及文件夹操作。

1．以自己名字的拼音建立文件夹。

2．在题 1 所建的文件夹下建立四个文件夹：images、work、learn、happy。

3．在 work 文件夹下创建名为 a1.txt 的文件。

4．将题 3 所建的文件属性设置为隐藏、只读。

5．在 learn 文件夹下为 happy 文件夹建立快捷方式，为快捷方式指定快捷键 Ctrl + Shift+H。

6．在 happy 文件夹下建立名为 b1.dat 的文件。

7．将 work 文件夹下的文件移动到 learn 文件夹下。

8．将题 8 所移动的文件更名为 c1.txt。

（四）使用记事本建立如下文档，文件名为 d1.txt。

中国高速铁路（China Railway Highspeed），简称中国高铁，是指中国境内建成使用的高速铁路，为当代中国重要的一类交通基础设施。至 2019 年底，中国高速铁路营业总里程达到 3.5 万千米，居世界第一。截至 2020 年年底，全国铁路营业里程 14.6 万千米，高速铁路运营里程达 3.79 万千米，稳居世界第一。截至 2021 年 12 月 30 日，中国高铁运营里程突破 4 万千米。

根据《中长期铁路网规划（2016 年调整）》，在 2016 年至 2025 年（远期至 2030 年）期间规划建设以八条纵线和八条横线主干通道为骨架、区域连接线衔接、城际铁路为补充的高速铁路网。